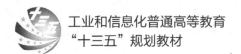
工业和信息化普通高等教育
"十三五"规划教材

湖南省哲学社会科学基金项目
（17YBQ032）研究成果

U0394156

Access数据库系统设计
上机指导与测试

（第2版）

廖瑞华 李勇帆 ◎ 主编

张卓林 李里程 ◎ 副主编

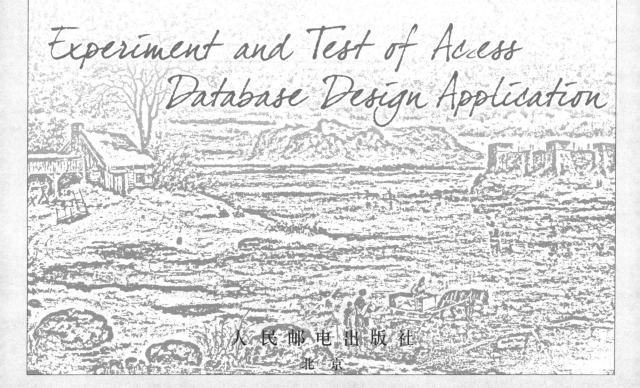

Experiment and Test of Access
Database Design Application

人民邮电出版社
北京

图书在版编目（ＣＩＰ）数据

Access数据库系统设计上机指导与测试 / 廖瑞华，
李勇帆主编. — 2版. — 北京 : 人民邮电出版社，
2019.12（2022.1重印）
ISBN 978-7-115-50322-0

Ⅰ. ①A… Ⅱ. ①廖… ②李… Ⅲ. ①关系数据库系统
－高等学校－教学参考资料 Ⅳ. ①TP311.138

中国版本图书馆CIP数据核字(2018)第277206号

内　容　提　要

本书是《Access 数据库系统设计与应用教程（第 2 版）》的配套教材，是根据教育部高等教育司组织制定的《高等学校计算机课程教学大纲（2018 年版）》、教育部考试中心颁布的《全国计算机等级考试 Access 数据库程序设计考试大纲（2018 年版）》，结合当前数据库技术的新发展和"Access 数据库系统设计与应用"课程教学的实际情况编写而成的。

全书分为两部分：第一部分为上机实验，与课堂教学内容相对应，学生通过实际操作，能快速掌握软件的基本功能及操作方法，加深对理论知识的理解，提高自身的操作与应用能力；第二部分为基础知识测试题及答案，可帮助学生加强对所学知识的理解和掌握，并附有答案。

本书力求内容新颖、面向应用、重视操作能力和综合应用能力的培养，既适合作为高等学校数据库应用技术课程的教材，也可作为计算机等级考试的培训教材以及办公人员的自学用书。

◆ 主　　编　　廖瑞华　李勇帆
　　副 主 编　　张卓林　李里程
　　责任编辑　　邹文波
　　责任印制　　陈　犇

◆ 人民邮电出版社出版发行　　北京市丰台区成寿寺路 11 号
　　邮编　100164　电子邮件　315@ptpress.com.cn
　　网址　http://www.ptpress.com.cn
　　北京盛通印刷股份有限公司印刷

◆ 开本：787×1092　1/16
　　印张：7.75　　　　　　　2019 年 12 月第 2 版
　　字数：202 千字　　　　　2022 年 1 月北京第 2 次印刷

定价：29.80 元

读者服务热线：(010)81055256　印装质量热线：(010)81055316
反盗版热线：(010)81055315
广告经营许可证：京东市监广登字 20170147 号

第 2 版前言

当今数字信息时代是一个以智力资源的占有和配置、知识生产与分配及使用为重要因素的知识经济时代，信息就像空气一样，充塞在人们工作、生活的每个角落，信息数据的管理直接渗透到经济、文化和社会的各个领域，数据库技术迅速改变着人们的工作和生活。因此，社会对大学生的数据库程序设计与应用能力也有新的、更高的要求。能精通数据库系统及其管理技术，掌握数据库管理系统的基本理论与知识，会设计与开发诸如信息管理系统、客户关系管理系统、电子商务系统、智能信息系统、教学管理系统、企业资源计划系统等各类数据库管理系统，是当今知识经济时代大学生应该具备的基本素质。为了适应新时期大学计算机基础课程——"数据库程序设计与应用"的教学要求，我们认真总结了多年来的教学实践，根据"2017年湖南省社科基金项目——智能机器人在中小学 STEAM 与创客教育中的应用研究（17YBQ032）"项目的研究成果组织编写了本书。

本书是《Access 数据库系统设计与应用（第 2 版）》的配套教材。第一部分为上机实验，与课堂教学内容相对应。第二部分为基础知识测试题及答案。

本书力求内容新颖、面向应用，重视操作能力和综合应用能力的培养。读者只要按照教材给出的步骤，按图索骥，边学习边上机实践操作，便能很快地掌握数据库管理系统的基本理论与知识，熟悉面向应用的程序开发流程与方法，并能独立地设计与开发实用的数据库管理系统。

本书由廖瑞华副教授和享受国务院政府特殊津贴、首届湖南省普通高等学校教学名师李勇帆教授担任主编，张卓林、李里程担任副主编，参与本书编写工作的人员还有胡恩博、赵晋琴、彭剑、王玉辉、谢强、李俊英、王尧哲、李兵等。其中，测试题第 1 章由李勇帆编写，模块一及测试题第 2 章由张卓林、赵晋琴编写，模块二及测试题第 3 章由王玉辉编写，模块三及测试题第 4 章由胡英编写，模块四及测试题第 5 章由廖瑞华和李兵编写，模块五及测试题第 6 章由李俊英编写，模块六及测试题第 7 章由王尧哲编写，模块七由李里程和谢强编写，模块八及测试题第 8 章由胡恩博编写，最后由李勇帆统稿、定稿。另外，参与本书讨论及资料收集的还有杨建良、李理达、谭敬德、胡伟、肖杰、曾玢石、肖升、李卫东、朱珏钰、张景桂、邢志芳、李卫民、傅红普、彭剑、张剑、伍智平、汤希伟、周辉、张燕丽、李科峰、姜华、刘泽源、苏静、陈茜、袁启等。同时，在教材的策划和编写过程中，我们还广泛听取了不同地区、不同高校的数据库程序设计与应用课程教育专家、资深教师的意见和建议，在此一并致谢。

由于时间仓促，加之编者水平有限，书中难免存在疏漏和不足之处，敬请广大读者批评指正，以便再版时修订完善。

李勇帆

2019 年 10 月

目　录

第一部分　上机实验

第二部分　基础知识测试题及答案

第一部分 上机实验

模块一
Access 数据库系统及其创建与管理

实验一 Access 数据库系统及其创建

一、实验目的

1. 掌握启动和退出 Access 2010 软件的常用方法。
2. 熟悉 Access 2010 的窗口，熟练操作功能区和导航窗格。
3. 掌握使用模板创建数据库的方法，熟练掌握建立空数据库的方法。
4. 掌握设置默认磁盘目录的方法。

二、实验内容

任务 1　在指定文件夹下创建空白数据库。

在 D 盘目录下创建一个名字为"姓名 LX"的文件夹（"姓名"处写上自己的姓名），启动 Access 2010 后，创建空白数据库到该文件夹下，数据库文件命名为"教学管理"。

【提示】

1. 启动 Access 2010 的方法有如下两种。

方法一：选择"开始|所有程序|Microsoft Office| Microsoft Office Access 2010"命令。

方法二：双击桌面上的 Microsoft Office Access 2010 快捷方式图标。

2. 关闭数据库的方法有如下 4 种。

方法一：单击数据库窗口的"关闭"按钮。

方法二：选择"文件|关闭数据库"命令。

方法三：按【Ctrl+W】组合键或【Ctrl+F4】组合键。

方法四：双击数据库窗口的控制菜单图标（也可以单击控制菜单图标，然后在弹出的控制菜单中选择"关闭"命令）。

3. 新建空白数据库。选择"文件|新建"命令可以创建空白数据库，如图 1-1 所示。

图 1-1　新建"空数据库"

任务 2　设置默认磁盘目录。

设置上述创建的文件夹"姓名 LX"为 Access 2010 数据库文件夹默认磁盘目录。

【提示】

选择 Backstage 视图的"选项"按钮，将出现"Access 选项"对话框。在"常规"选项卡右侧的"默认数据库文件夹"文本框中，输入文件夹位置："D:\姓名 LX"，如图 1-2 所示。

图 1-2　设置默认数据库文件夹

任务 3　利用样本模板创建数据库。

关闭"教学管理"数据库，使用样本模板创建"学生"数据库，如图 1-3 所示。

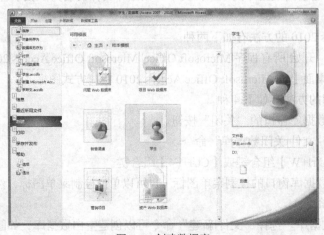

图 1-3　创建数据库

任务 4　功能区、导航窗格的使用。

展开"导航窗格"，按"对象类型"查看"学生"数据库中的对象，如图 1-4 所示。打开窗体对象"监护人子窗体"，在设计视图下观察"监护人子窗体"，查看功能区是否发生变化，如图 1-5 所示。

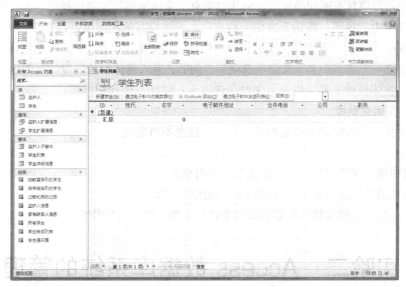

图 1-4　按"对象类型"展开的"导航窗格"

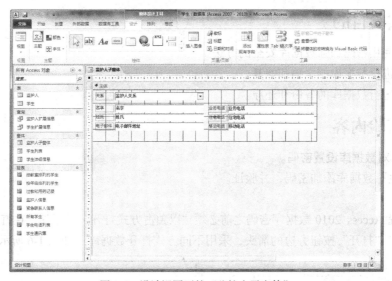

图 1-5　设计视图下的"监护人子窗体"

【提示】

（1）打开和关闭导航窗格：在导航窗格展开的状态下，单击《按钮可以关闭导航窗格；相反，在导航窗格折叠的状态下，单击》按钮可以展开导航窗格。使用键盘【F11】键也可以打开和关闭导航窗格。

（2）更改导航窗格显示的类别：可单击窗格上方的向下箭头，在出现的列表的"浏览类别"中选择需要的导航窗格显示方式，在"按组筛选"中可以选择需要显示的组。

（3）打开数据库中某个对象的方法有如下 3 种。

方法一：双击该对象。

方法二：选择该对象，然后按【Enter】键。

方法三：右键单击该对象，在弹出的快捷菜单中选择"打开"命令。

（4）不同的对象具有不同的视图，窗体对象有"窗体视图""布局视图"和"设计视图"。单击开始选项卡中"视图"按钮下方的下拉按钮，可选择其他视图项进行查看。

（5）Access 2010 会根据上下文（进行操作的对象以及正在执行的操作）的不同，在标准命令选项卡旁边出现一个或多个上下文命令选项卡。例如，进入窗体对象的设计视图后，将在 Access 窗口中出现"窗体设计工具"以及下文命令选项卡：设计、排列和格式。

任务 5　关闭数据库。

关闭"学生"数据库的方法前面已介绍过，这里不再赘述。

【思考】

1. 如何利用"导航窗格"按对象类型组织对象？

2. 如何利用"导航窗格"按表和相关视图组织对象？

3. 如何利用"导航窗格"对数据库对象进行复制、删除等操作？

实验二　Access 数据库系统的管理

一、实验目的

1. 熟悉使用密码加强数据库安全的方法。

2. 熟练进行数据库的压缩和修复。

3. 熟练进行数据库的备份和还原。

二、实验内容

任务 1　对数据库设置密码。

为"学生"数据库添加密码，并验证。

【提示】

（1）设置 Access 2010 数据库密码之前必须"以独占方式打开"数据库。在打开数据库文件时，可以单击"打开"按钮旁边的箭头，采用不同方式打开数据库，如图 1-6 所示。

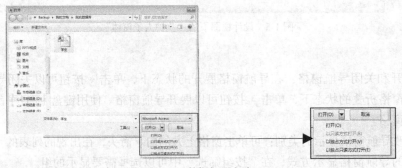

图 1-6　数据打开方式

以只读方式打开：打开数据库进行只读访问，可以查看数据库但不能编辑数据库。

以独占方式打开：打开数据库独占访问，在打开数据库后其他人都不能再打开它。

以独占只读方式打开：在此情况下，用户能进行只读访问，而其他用户不可以打开该数据库。

（2）密码可通过选择"文件|信息"命令，然后单击"用密码进行加密"按钮进行设置，如图 1-7 所示。

图 1-7 设置数据库密码

任务 2 压缩和修复数据库。

关闭"学生"数据库时自动压缩和修复数据库。

【提示】

"压缩和修复数据库"命令可用来防止和更正可能影响数据库的问题（如文件在使用过程中不断变大、文件已损坏）。可以在 Backstage 视图的"信息"选项卡中实现，如图 1-8 所示。

图 1-8 "信息"选项卡

任务 3 备份和还原数据库。

1．为"学生"数据库建立一个副本，默认备份文件名。

【提示】

打开"学生"数据库后，对数据库进行备份的步骤如下。

（1）单击 Backstage 视图的"保存并发布"选项卡，在"保存并发布"选项卡的右侧窗格中，双击"备份数据库"命令，如图 1-9 所示。

图 1-9 "备份数据库"命令

（2）在"另存为"对话框中设置备份的文件名。默认的文件名为"学生_****-**-**"（****-**-**表示当前系统的日期），如图 1-10 所示。

图 1-10　设置备份的文件名

2．还原上述备份的数据库。

【思考】

如何清除数据库密码？

模块二
数据库系统的表设计

实验一 数据库系统表的创建

一、实验目的

1. 以"教学管理"数据库系统为练习实例，掌握数据库系统表的创建方法。
2. 掌握在数据库系统中输入各种类型数据的方法。
3. 掌握在数据库系统中字段常用属性的设置方法。
4. 掌握使用查询向导创建查询列表值的方法。

二、实验内容

任务 1 创建表结构。

1. 在自己创建的"教学管理 2"数据库中，使用数据表视图创建"学生"表，表结构如表 2-1
所示。

表 2-1 "学生"表结构

字段名称	数据类型	字段大小	字段名称	数据类型	字段大小
学号	文本型	12	年级	文本型	4
姓名	文本型	20	住址	文本型	10
性别	文本型	2	寝室电话	文本	13
民族	文本型	20	手机	文本	11
出生年月	日期/时间型		简历	备注	
政治面貌	文本型	4	照片	OLE 类型	
班级名称	文本型	12	兴趣爱好	备注	

【提示】

在"创建"选项卡的"表格"工具组中单击"表"工具按钮，在数据视图下创建名为"表 1"
的新表；通过"表格工具|字段"选项卡完成字段设计，另存为"学生"表。

2. 在"教学管理 2"数据库中，使用设计视图创建"学生选课"表、"课程"表、"教师"

表、"院系"表和"班级"表，表结构如表 2-2～表 2-6 所示。

表 2-2   "学生选课"表结构

字段名称	数据类型	字段大小	字段名称	数据类型	字段大小
学号	文本型	12	平时成绩	数字型	单精度
课程编号	文本型	8	末考成绩	数字型	单精度

表 2-3   "课程"表结构

字段名称	数据类型	字段大小	字段名称	数据类型	字段大小
课程编号	文本型	8	实践学时	数字型	整型
课程名	文本型	20	总学时	数字型	整型
学分	数字型	整型	开课学期	文本型	2
周学时	数字型	整型	课程类型	文本型	10
理论学时	数字型	整型			

表 2-4   "教师"表结构

字段名称	数据类型	字段大小	字段名称	数据类型	字段大小
教师编号	文本型	4	职称	文本型	10
姓名	文本型	20	党员否	是/否型	
性别	文本型	2	基本工资	货币型	
民族	文本型	20	系编号	文本型	2
出生日期	日期/时间型		住宅电话	文本型	13
参加工作日期	日期/时间型		手机	文本型	11
学历	文本型	10	电子邮箱	超链接	
学位	文本型	10			

表 2-5   "院系"表结构

字段名称	数据类型	字段大小	字段名称	数据类型	字段大小
系编号	文本型	2	系主任	文本型	10
系名称	文本型	30	系办电话	文本型	13

表 2-6   "班级"表结构

字段名称	数据类型	字段大小	字段名称	数据类型	字段大小
班级名称	文本型	12	班级人数	数字型	整型
专业编号	文本型	2	班长姓名	文本型	10

【提示】

在"创建"选项卡的"表格"工具组中单击"表设计"工具按钮，在设计视图下创建新表，完成字段设计。

任务 2   修改表结构。

1. 在"院系"表的"系主任"与"系办电话"字段之间添加"系网址"字段，数据类型为超链接。

2．在“学生选课”表的“末考成绩”字段后添加“综合成绩”字段，数据类型为计算。

3．将“学生”表中的“兴趣爱好”字段删除；将“学生”表中的“住址”字段的名称改为“家庭住址”，字段大小改为 50。

【提示】

数据库系统表结构的修改一般在设计视图中进行。在导航窗格中双击要打开的表，在“开始”选项卡的“视图”工具组中单击“视图”按钮，在弹出的下拉列表中单击“设计视图”按钮，可在设计视图下打开表。

任务 3　输入表记录。

1．在任务 1 创建的 6 个表中输入记录。创建完成的表结构和要输入的表记录如图 2-1～图 2-6 所示。

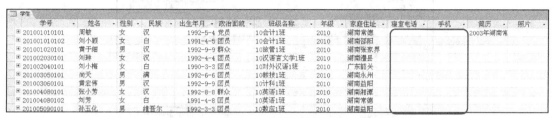

学生

学号	姓名	性别	民族	出生年月	政治面貌	班级名称	年级	家庭住址	寝室电话	手机	简历	照片
201001010101	周敏	女	汉	1992-5-4	党员	10会计1班	2010	湖南常德			2003年湖南常	
201001010102	刘小颖	女	白	1991-4-5	团员	10会计1班	2010	湖南邵阳				
201001020101	黄于细	男	汉	1992-9-9	群众	10旅管1班	2010	湖南张家界				
201002030101	刘琳	女	汉	1992-4-4	团员	10汉语言文学1班	2010	湖南澧县				
201002040101	刘小梅	女	白	1990-3-3	团员	10对外汉语1班	2010	广东韶关				
201003050101	尚天	男	满	1992-6-6	团员	10教技1班	2010	湖南永州				
201003060101	黄宏伟	男	汉	1992-9-9	团员	10计科1班	2010	湖南益阳				
201004080101	张小芳	女	汉	1992-8-8	群众	10英语1班	2010	湖南湘潭				
201004080102	刘芳	女	白	1991-4-8	团员	10英语1班	2010	湖南常德				
201005090101	孙玉化	男	维吾尔	1992-3-3	团员	10数应1班	2010	湖南益阳				

图 2-1　“学生”表

学生选课

学号	课程编号	平时成绩	末考成绩	综合成绩
20100101010	000GB001	98	70	78.4
20100101010	000GB002	87	78	80.7
20100101010	000GB003	68	51	56.1
20100101010	000GB004	84	60	67.2
20100101010	000GB005	81	66	70.5
20100101010	000GB006	84	78	79.8
20100101010	000GB007	77	56	62.3
20100101010	000GB008	96	50	63.8
20100101010	0101ZB01	90	80	83
20100101010	0101ZB02	73	75	74.4

图 2-2　“学生选课”表

课程

课程编号	课程名	学分	周学时	理论学时	实践学时	总学时	开课学期	课程类型
000GB001	大学计算机基础	3	4	28	28	56	1	公共必修
000GB002	Access 数据库技术与应用	3	4	28	28	56	2	公共必修
000GB003	大学英语（一）	4	4	48	24	72	1	公共必修
000GB004	大学英语（二）	4	4	48	24	72	2	公共必修
000GB005	大学体育（一）	2	2	8	28	36	1	公共必修
000GB006	大学体育（二）	2	2	8	28	36	2	公共必修
000GB007	马克思主义基本原理	3	3	54	0	54	2	公共必修
000GB008	现代教育技术	2	2	18	18	36	2	公共必修
000GB010	法律基础	3	3	56	0	56	1	公共必修
0101ZB01	宏观经济学	3	3	54	0	54	2	专业必修

图 2-3　“课程”表

教师

教师编号	姓名	性别	民族	出生日期	参加工作日	学历	学位	职称	党员否	基本工资	系编号	住宅电话	手机	电子邮箱
0001	马英	男	汉	1965-3-1	1987-6-23	本科	学士	教授	是	￥1,800.00	03			mailto:maying@126.com
0002	黄蔚	女	汉	1981-2-1	2005-9-1	研究生	硕士	讲师	是	￥1,200.00	02			mailto:hw@126.com
0003	朱丹	女	汉	1964-6-1	1986-2-1	本科	硕士	教授	是	￥2,000.00	05			mailto:zhudan@163.com
0004	彭小宁	男	白	1975-2-9	1999-6-24	研究生	硕士	副教授	是	￥1,400.00	05			maito:pengxl@126.com
0005	王建平	男	汉	1963-2-23	1987-7-7	博士	博士	教授	是	￥2,300.00	01			maito:wangjianp@126.com
0006	王玉钰	女	苗	1980-6-6	2003-7-1	研究生	硕士	讲师	是	￥1,300.00	07			maito:wangxy@126.com
0007	赵小周	男	汉	1955-4-4	1973-7-1	本科	学士	副教授	是	￥1,780.00	03			mailto:zhaoxz@qq.com
0008	周海娟	女	汉	1961-4-8	1985-7-1	博士	博士	教授	是	￥2,200.00	03			maito:aa@126.com
0009	黄河	男	苗	1982-3-3	2004-7-1	本科	硕士	讲师	是	￥1,500.00	03			maito:bbc@126.com
0010	张红	女	满	1979-8-8	2001-6-23	本科	硕士	讲师	是	￥1,420.00	01			maito:aam@126.com

图 2-4　“教师”表

院系

系编号	系名称	系主任	系网址	系办电话
01	经济管理学院	王小来	http://jgx.hnfnu.edu.cn/	
02	文史学院	曾会汇		
03	信息科学与工程学院	王智	http://www.hnfnu.edu.cn/	
04	外语学院	赵小忠		
05	数理学院	阎蓉		
06	教科学院	蒋笑笑		
07	音乐学院	黄小昭		
08	体育学院	王小词		
09	美术学院	廖乐乐		
10	思政部	彭小悦		

图 2-5　“院系”表

班级

班级名称	专业编号	班级人数	班长姓名
10对外汉语1班	04	45	张浩瀚
10汉语言文学1班	03	52	张勇
10会计1班	01	50	李小红
10计科1班	13	32	李小兰
10教技1班	05	32	王平
10旅管1班	02	47	李贤
10美术1班	16	43	任意
10数应1班	09	48	李洁
10数应2班	09	52	张小英
10思政1班	18	43	黄英

图 2-6　“班级”表

【思考】

怎样输入“学生选课”表中的计算型字段“综合成绩”的数据？

2．在“学生”表中姓名为“周敏”的学生记录的简历字段中输入以下内容：“2003 年湖南

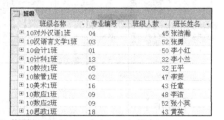

常德第一小学毕业，2006年常德一中初中毕业，2010年进入第一师范。爱好：跳舞，唱歌，田径"。

【提示】

按【Shift+F2】组合键，可打开"缩放"窗口，在文本框中编辑指定的内容。

3．在"学生"表中姓名为"刘小颖"的学生记录的照片字段插入图片"图片.jpg"。

【提示】

在姓名为"刘小颖"的学生记录的照片单元格中单击鼠标右键，在弹出的快捷菜单中选择"插入对象"命令，通过打开的对话框找到并选择图片素材。

4．在"院系"表的第3条记录的系网址单元格中输入文字"信息科学与工程系"，如图2-7所示。

图2-7　"院系"表

【提示】

在超链接数据上单击鼠标右键，在弹出的快捷菜单中选择"超链接|编辑超链接"命令，通过"编辑超链接"对话框设置显示文字。

任务4　设置字段属性。

1．设置"院系"表中"系办电话"字段的格式，当字段中没有电话号码或是Null值时，要显示出字符串"无"，当字段中有电话号码时按原样显示，如图2-7所示。

【提示】

将"院系"表中的"系办电话"字段的格式属性设置为：@;"无"。

2．设置"教师"表的"基本工资"字段的格式属性，当输入"1800"时，显示：¥1,800.00；当输入"0"时，显示：零；当没有输入数据时，显示字符串：Null，如图2-8所示。

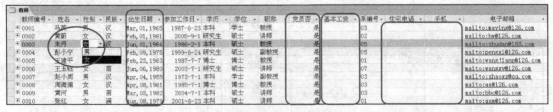

图2-8　"教师"表

【提示】

将"教师"表中的"基本工资"字段的格式属性设置为：¥#,##0.00; "零";"Null"。

3．设置"教师"表的"出生日期"字段的显示形式为：英文月份的前3个字母，日，年，如Jan，15，2003，如图2-8所示。

【提示】

将"教师"表中的"出生日期"字段的格式属性设置为：mmm","dd","yyyy。

4．设置"教师"表的"党员否"字段的格式为"是"代表是党员、"否"代表不是党员，如图 2-8 所示。

【提示】

将"教师"表中的"党员否"字段的格式属性设置为：是/否。

5．设置"院系"表的"系办电话"字段的输入掩码为：0731-********，其中*号只能输入 0～9 之间的数字，如图 2-7 所示。

【提示】

将"院系"表中的"系办电话"字段的格式属性设置为："0731-"00000000;;*。

6．设置"教师"表的"职称"字段的有效性规则为：只能输入助教、讲师、副教授、教授。否则显示提示信息：请输入助教、讲师、副教授、教授，如图 2-9 和图 2-10 所示。

图 2-9　设置有效性规则和有效性文本

图 2-10　提示信息

【思考】

"是/否"型字段存储什么数据？不同数据的含义是什么？默认值是什么？显示形式受什么因素影响？

任务 5　建立查阅列表字段。

1．创建"教师"表中的"性别"字段的查阅列表值为"男"或"女"，如图 2-8 所示。

2．创建"学生"表中的"班级名称"字段的查阅列表值来自于"班级"表的"班级名称"字段的数据，如图 2-11 所示。

图 2-11　创建"班级名称"字段的查阅列表值

【提示】

（1）将"教师"表中的"性别"字段的数据类型改为"查阅向导"，通过"查阅向导"对话框自行键入查阅列表值后，在"查阅"选项卡中设置显示控件为"列表框"。

（2）将"学生"表中的"班级名称"字段的数据类型改为"查阅向导"，通过"查阅向导"对话框获取其他表中的值。

（3）若要修改的表已和其他表建立了关系，则要先删除关系再使用查阅向导。

【思考】

如何创建"教师"表中的系编号字段的值来源于"院系"表的"系编号"字段？

实验二　数据库系统表记录的编辑与维护

一、实验目的

1．掌握数据库系统记录的查找、替换、插入及删除。

2．掌握数据库系统记录排序和筛选的方法。

3．掌握数据库系统表格式设置的方法。

二、实验内容

任务 1　查找和替换。

将"院系"表的"系名称"字段中的"学院"全部替换成"系"，如图 2-12 所示。

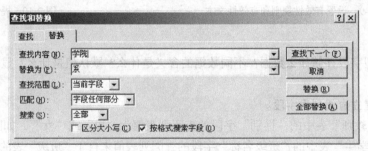

图 2-12　查找和替换

【提示】

若在打开"查找和替换"对话框之前没有将光标定位在要查找的字段上，则需要将"查找范围"设置为"当前文档"。

任务 2　插入、删除记录。

1．将"教师"表中姓名为"张红"的教师记录删除。

2．将"教师"表中姓名为"张红"的教师记录重新插入表中。

【提示】

（1）使用"删除"按钮或按【Delete】键均可实现删除操作。

（2）单击记录导航条中的"新记录"按钮 ，光标可直接移动到最后一条记录的下一空白行，然后输入数据。

【思考】

删除的记录还能恢复吗？

任务 3　记录的排序。

1. 将“学生”表中的记录按“性别”降序排序，如图 2-13 所示。

学号	姓名	性别	民族	出生年月	政治面貌	班级名称	年级	家庭住址	寝室电话	手机	简历
201004080102	刘芳	女	白	1991-4-8	团员	10英语1班	2010	湖南常德			
201004080101	张小芳	女	汉	1992-8-8	群众	10英语1班	2010	湖南湘潭			
201002040101	刘小梅	女	白	1990-3-3	团员	10对外汉语1…	2010	广东韶关			
201002030101	刘琳	女	汉	1992-4-4	团员	10汉语言文学	2010	湖南澧县			
201001010102	刘小颖	女	白	1991-4-5	团员	10会计1班	2010	湖南邵阳			
201001010101	周敏	女	汉	1992-5-4	党员	10会计1班	2010	湖南常德			2003年湖南常
201005090101	孙玉化	男	维吾尔	1992-3-3	团员	10数应1班	2010	湖南益阳			
201003060101	黄宏伟	男	汉	1992-9-9	团员	10计科1班	2010	湖南益阳			
201003050101	尚天	男	满	1992-6-6	团员	10教技1班	2010	湖南永州			
201001020101	黄于细	男	汉	1992-9-9	群众	10旅管1班	2010	湖南张家界			

图 2-13　“学生”表按“性别”排序

【提示】

在数据表视图中可直接使用“降序”按钮进行记录的排序。

2. 将“教师”表中的记录先按“民族”升序排序，当“民族”相同时再按“出生日期”升序排序，如图 2-14 所示。

教师编号	姓名	性别	民族	出生日期	参加工作日	学历	学位	职称	党员否	基本工资	系编号	住宅电话	手机	电子邮箱
0004	彭小宁	男	白	Feb, 09, 1975	1999-6-24	研究生	硕士	副教授	是	¥1,400.00	05			maito:pengxl@126.com
0007	赵小周	男	汉	Apr, 04, 1955	1973-7-1	本科	学士	副教授	是	Null	03			mailto:zhaoxz@qq.com
0008	周海娟	女	汉	Apr, 08, 1961	1985-7-1	博士	博士	教授	是	¥2,200.00	03			maito:aa@126.com
0005	王建平	男	汉	Feb, 23, 1963	1987-7-7	博士	博士	教授	是	¥2,300.00	01			maito:wangjianp@126.com
0003	朱丹	女	汉	Jun, 01, 1964	1986-2-1	本科	硕士	教授	是	零	05			mailto:zhudan@163.com
0001	马英	男	汉	Mar, 01, 1965	1987-6-23	本科	学士	教授	是	¥1,800.00	03			mailto:maying@126.com
0002	黄蔚	女	汉	Feb, 01, 1981	2005-9-1	研究生	硕士	讲师	是	¥1,200.00	02			mailto:hw@126.com
0010	张红	女	满	Aug, 08, 1979	2001-6-23	本科	硕士	讲师	是	¥1,420.00	01			maito:aam@126.com
0006	王玉钰	女	苗	Jun, 06, 1980	2003-7-1	研究生	硕士	讲师	是	¥1,300.00	07			maito:wangxy@126.com
0009	黄河	男	苗	Mar, 03, 1982	2004-7-1	本科	硕士	讲师	是	¥1,500.00	03			maito:bbc@126.com

图 2-14　“教师”表按“民族”　“出生日期”排序

【提示】

除了可使用“升序”或“降序”按钮按多个字段排序外，还可以使用“高级筛选”|“排序”命令。

【思考】

若“教师”表中的“民族”和“出生日期”字段不相邻，如何实现排序？

任务 4　记录的筛选。

1. 在“学生”表中筛选出少数民族的学生记录，如图 2-15 所示。

学号	姓名	性别	民族	出生年月	政治面貌	班级名称	年级	家庭住址	寝室电话	手机	简历	照片
201001010102	刘小颖	女	白	1991-4-5	团员	10会计1班	2010	湖南邵阳				
201002040101	刘小梅	女	白	1990-3-3	团员	10对外汉语1…	2010	广东韶关				
201003050101	尚天	男	满	1992-6-6	团员	10教技1班	2010	湖南永州				
201004080102	刘芳	女	白	1991-4-8	团员	10英语1班	2010	湖南常德				
201005090101	孙玉化	男	维吾尔	1992-3-3	团员	10数应1班	2010	湖南益阳				

图 2-15　筛选结果

【提示】

选中“民族”字段，通过“筛选器”完成筛选。

2. 在“学生”表中筛选出 1991 年以后出生的学生记录，如图 2-16 所示。

学号	姓名	性别	民族	出生年月	政治面貌	班级名称	年级	家庭住址	寝室电话	手机	简历	照片
201001010101	周敏	女	汉	1992-5-4	党员	10会计1班	2010	湖南常德			2003年湖南常	
201001010102	刘小颖	女	白	1991-4-5	团员	10会计1班	2010	湖南邵阳				
201001020101	黄于细	男	汉	1992-9-9	群众	10旅管1班	2010	湖南张家界				
201002030101	刘琳	女	汉	1992-4-4	团员	10汉语言文学	2010	湖南澧县				
201003050101	尚天	男	满	1992-6-6	团员	10教技1班	2010	湖南永州				
201003060101	黄宏伟	男	汉	1992-9-9	团员	10计科1班	2010	湖南益阳				
201004080101	张小芳	女	汉	1992-8-8	群众	10英语1班	2010	湖南湘潭				
201004080102	刘芳	女	白	1991-4-8	团员	10英语1班	2010	湖南常德				
201005090101	孙玉化	男	维吾尔	1992-3-3	团员	10数应1班	2010	湖南益阳				

图 2-16　筛选结果

【提示】

选中"出生年月"字段，通过"筛选器"完成筛选。

3. 在"学生"表中筛选出汉族女生或满族男生的学生记录，如图 2-17 所示。

图 2-17　筛选结果

【提示】

通过"按窗体筛选"窗口完成筛选，在"查找"标签中设置的条件表示"与"操作，在"或"标签中设置的条件表示"或"操作。

4. 在"学生"表中筛选出湖南益阳的男生，并按出生年月降序排序，如图 2-18 所示。

图 2-18　筛选结果

【提示】

使用"高级筛选/排序"命令，打开"筛选"窗口完成筛选。

【思考】

如何在"教师"表中筛选出工资大于 3000 或小于 1800 的男教师的记录？

任务 5　修饰表。

1. 设置记录的行高为 20，列宽适当，字体为楷体，字号为三号。

【提示】

使用"开始"选项卡中的"记录"工具组中的"其他"工具按钮设置行高；用鼠标直接拖曳列线调整列宽；使用"开始"选项卡中的"文本格式"工具组设置文本格式。

2. 交换"学生"表中"性别"和"民族"字段的位置。

【提示】

在数据视图下用鼠标直接拖曳即可。

【思考】

如何设置数据表的背景色？

实验三　在数据库系统建立表间关系

一、实验目的

1. 掌握设置主键和索引的方法。
2. 掌握创建关系和编辑表间关系的方法。
3. 掌握查看和修改子数据表的方法。

二、实验内容

任务 1　定义主键。

为"教学管理 2"数据库中的各表定义主键，如图 2-19 所示。

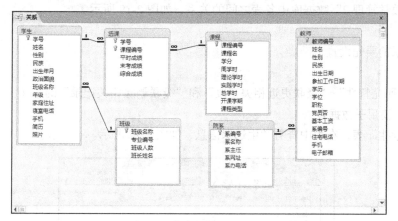

图 2-19　各表主键及表间关系

【提示】

1. 若主键为一个字段，单击字段选定器，在"设计"选项卡中的"工具"工具组中单击"主键"按钮。

2. 若主键为多个字段，单击一个字段选定器，按住【Ctrl】键再单击其他字段行选定器，在"设计"选项卡中的"工具"工具组中单击"主键"按钮。

【思考】

如何删除已设置的主键?

任务 2　设置索引。

1. 设置"教师"表中的"系编号"字段为普通索引，如图 2-20 所示。

【提示】

修改"系编号"字段的"索引"属性值为：有（有重复）。

2. 在"学生"表中，建立一个复合索引，索引名为 xm-cx。第一索引为"性别"字段，第二索引为"出生年月"字段，如图 2-21 所示。

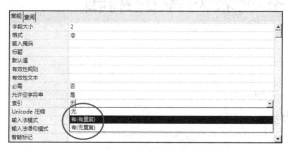

图 2-20　设置普通索引

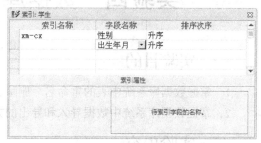

图 2-21　设置复合索引

【提示】

在设计视图下打开"学生"表，然后在"设计"选项卡的"显示/隐藏"工具组中单击"索引"

工具按钮，打开"索引"对话框。

【思考】

索引有几种？有何区别？

任务3　创建表间关系。

设置"教学管理2"数据库中各表之间的关系，如图2-19所示。

【提示】

建立关系前要先设置主键。

【思考】

"实时参照完整性""级联更近相关字段"和"级联删除相关记录"的意义？

任务4　使用子数据表。

打开"学生"表，在表中查看学生选课信息，如图2-22所示。

图2-22　在"学生"表中查看学生选课信息

【提示】

单击任意学生记录左侧的"关联"标记▣，可显示该学生的选课信息，再次单击该标记，可收起选课信息。

【思考】

如何在"学生"表中查看班级信息？

实验四　数据库系统表对象的编辑

一、实验目的

1. 掌握数据库系统中表的重命名、删除、复制的方法。
2. 掌握数据库系统中数据导入和导出的方法。

二、实验内容

任务1　数据库系统中表的重命名、删除和复制。

1. 将"学生"表复制到"教学管理2"数据库中，并命名为"学生信息"表。

2．将"学生信息"表重命名为"学生"表。

3．删除"学生"表。

【思考】

如何复制"学生"表的结构？

任务 2　数据库系统中数据的导入和导出。

1．在"教学管理"数据库中，将"专业"表导出到你的文件夹中，生成名为"专业.xls"的文件。

【提示】

选中要导出的表，在"外部数据"选项卡的"导出"工具组中单击"导出到 Excel 电子表格"按钮，通过"导出-Excel 电子表格"对话框完成导出。

2．将上述"专业.xls"文件导入"教学管理 2"数据库中。

【提示】

在"外部数据"选项卡中的"导入并链接"工具组中单击"导入 Excel 电子表格"按钮，通过"获取外部数据|Excel 电子表格"对话框找到并选中要导入的文件，完成导入。

【思考】

将"教学管理"数据库中的"教师授课"表导入"教学管理 2"数据库中。

模块三
查询操作

实验一　利用向导和设计视图创建查询

一、实验目的

1. 掌握利用向导创建查询的方法。
2. 掌握利用查询设计视图创建、修改查询的方法。
3. 掌握在查询中使用条件、执行计算的方法。

二、实验内容

本实验中的查询均在"教学管理"数据库中进行。查询命名格式为任务+任务序号+"-"+题号，如任务1的第1小题的查询名称为：任务1-1。

任务1　利用查询向导创建查询。

1. 利用查询向导查询学生表中各民族男、女生人数。
2. 利用查询向导查询教师表中各种学历的人数。
3. 利用查询向导查询没有授课的教师情况。

【提示】

利用查询向导创建查询的操作方法：在"创建"选项卡的"查询"组中选择"查询向导"，在出现的"新建查询"对话框中选择合适的命令，如图3-1所示，然后根据向导的提示逐步完成查询的创建。

任务2　在查询中重命名字段以及新建字段。

1. 查询学生情况，要求在查询时"学号"字段以"学生证号"显示。

2. 查询学生的年龄，要求显示学生的学号、姓名、年龄和性别。

3. 查询2011级任课教师中工龄在10年以上（含10年）的教师情况，要求显示教师编号、姓名、工龄、任课班级和课程名信息。

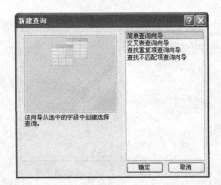

图3-1　"新建查询"对话框

4．查询教师编号、姓名和手机 3 个字段的内容，要求将教师编号和姓名两个字段合二为一，在查询结果中显示"编号姓名"和"联系电话"两列。

【提示】

（1）为字段重新命名的操作方法：在设计视图下方的设计网格中，单击要重新命名的字段名，将光标定位在该文本框的最左边，键入新的字段名，然后在新的字段名与原字段名之间输入一个英文标点符号"："即可。

（2）添加新字段的操作方法：在设计视图的设计网格区"字段"行中直接输入新字段及其计算表达式。输入格式是"新字段名：计算表达式"。注意，计算字段名和计算表达式之间的分隔符是用英文标点符号"："。

图 3-2 任务 2-2 的设置

（3）任务 2-2～任务 2-4 的设置情况如图 3-2～图 3-4 所示。

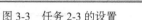

图 3-3 任务 2-3 的设置

图 3-4 任务 2-4 的设置

【思考】

（1）根据学生的出生年月，求学生的年龄，还有其他表示方法吗？

（2）若要求出教师的全年基本工资，如何设置条件呢？

任务 3 **在查询中使用条件表达式。**

1．查询综合成绩在 70～85 分这个分数段的记录，查询结果包括学号、姓名、课程编号、课程名和综合成绩，按学号升序、综合成绩降序排列。

2．在"教师"表中查询学位是博士、职称是副教授或学位是硕士、职称是教授的记录，要求显示教师的姓名、性别、学位和职称信息。

3．查询出生在 1990 年 1 月 1 日～1992 年 12 月 31 日这个时间段的学生，要求显示学生的姓名、性别和出生年月信息。

4．查询"学生选课"表中没有参加考试的学生情况，要求显示学生的学号、课程编号和末考成绩信息。

5．在"学生"表中查找姓张的学生，要求显示学生的学号、姓名和性别信息。

6．查找参加工作日期在 1980～2000 年之间、学位为硕士或博士、基本工资在 1500 元以下的少数民族教师的信息，包括教师编号、姓名、民族、参加工作日期、学位和基本工资。

【提示】

（1）查询条件是常量、字段值、字段名、函数等运算对象用各种运算符连接起来生成的一个表达式，表达式的运算结果就是查询条件的取值。

（2）在条件表达式中字段名必须用方括号括起来，而且字段名和数据类型应遵循字段定义时的规则，否则会出现数据类型不匹配的错误。

（3）当查询条件涉及多个字段时，若要求多个字段条件同时满足，即这些条件之间是"与"

关系，应将这些条件同时设置在"条件"行或同时设置在"或"行。若条件之间是"或"关系，则应将这些条件设置在不同行。

（4）任务 3-1～任务 3-6 的条件设置如图 3-5～图 3-10 所示。

图 3-5　任务 3-1 的条件设置

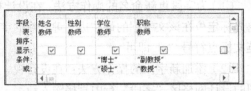

图 3-6　任务 3-2 的条件设置

图 3-7　任务 3-3 的条件设置

图 3-8　任务 3-4 的条件设置

图 3-9　任务 3-5 的条件设置

图 3-10　任务 3-6 的条件设置

【思考】

（1）任务 3-1 中的条件"综合成绩在 70～85 分之间"还可以如何表示？

（2）任务 3-5 中的条件若变更为"姓张且名字为两个字"，该如何设置条件？

（3）若要查询"学生"表中苗族的或者姓刘的或者生于 1991 年的学生信息，该如何设置条件？

（4）若要查询有照片的学生信息，该如何设置条件？

任务 4　参数查询。

1．创建一个"按系名称查找教师"的单个参数查询，根据提示输入"系名称"内容，查找该系教师的教师编号、姓名、系名称和学历信息。

2．创建一个名为"按年级和课程名查找学生综合成绩"的多参数查询，根据提示输入"年级"和"课程名称"的内容，查找学生的年级、姓名、课程名和综合成绩信息。

【提示】

（1）创建参数查询的步骤和普通的选择查询的步骤类似，只是在设计网格区的"条件"行中不再输入具体的查询条件，而是使用方括号（[ ]）占位，并在其中输入提示文字。

（2）任务 4-1 和任务 4-2 的查询设置如图 3-11 和图 3-12 所示。

图 3-11　任务 4-1 的单参数查询

图 3-12　任务 4-2 的多参数查询

【思考】

创建名为"显示某时间段参加工作的教师的年龄"的查询，根据提示输入时间段的起始日期和终止日期，显示教师的姓名、性别和年龄信息。

任务5 汇总查询。

1. 查询每个学生综合成绩的平均分（保留两位小数）、最高分和最低分。

2. 创建一个查询，计算每个学生所选课程的学分总和，并依次显示学生的学号、姓名和学分，其中学分为计算出来的学分总和。

【提示】

（1）创建汇总查询的操作方法：首先选择数据表，其次在设计视图中单击"设计"选项卡，并在"显示/隐藏"组中单击"汇总"按钮 Σ，然后添加字段到设计网格区，最后为所选字段设置"总计"行取值。

（2）设置数字字段小数位数的操作方法：右键单击指定字段任何位数计算值，从弹出的快捷菜单中选择"属性"命令，打开属性对话框，设置"格式"为固定，设置"小数位数"为指定值。

（3）任务5-1和任务5-2的查询设置如图3-13和图3-14所示。

图 3-13 任务 5-1 的查询设置

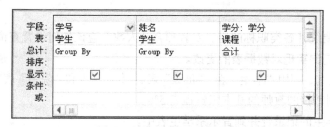

图 3-14 任务 5-2 的查询设置

【思考】

创建名为"各系少数民族女教师人数"的查询，统计各系少数民族女教师的人数，要求显示系名称和人数。

任务6 交叉表查询。

1. 利用交叉表查询"教师"表中各类职称的男、女教师人数。

2. 创建一个查询，按系别统计各自男、女学生的平均年龄，要求显示学生所属院系、性别和平均年龄等信息。

3. 创建一个交叉表查询，统计并显示第3学期各门课程男、女生综合成绩的平均值。要求：计算出来的平均成绩用整数显示（使用函数）。

【提示】

（1）创建交叉表查询的操作方法：首先选择数据表，其次是单击"查询类型"组中的"交叉表"按钮 ▦，然后添加字段到设计网格区，最后为字段设置"总计"行和"交叉表"行取值。

（2）"交叉表"行可指定3种字段：一是放在交叉表最左端的行标题，它将某一字段的各类数据放入指定的行；二是放在交叉表最上端的列标题，它将某一字段的各类数据放入指定的列；三是放在交叉表行与列交叉位置上的值，需要为该字段指定一个总计项。在交叉表查询中，只能指定1个列标题和1个值。

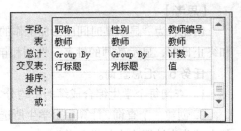

图 3-15　任务 6-1 的查询设置

（3）任务 6-1～任务 6-3 的查询设置如图 3-15～图 3-17 所示。

图 3-16　任务 6-2 的查询设置

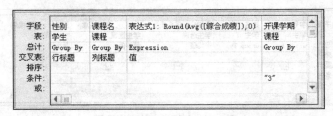

图 3-17　任务 6-3 的查询设置

【思考】

任务 6-1 中还要统计各类职称的男、女教师合计人数，应该如何设置查询？

任务 7　利用查询实现对数据表的更改。

1. 创建一个查询，利用"学生"表、"班级"表、"专业"表和"院系"表生成音乐系学生表。

2. 将职称为副教授的教师的基本工资提高 5%。

3. 将美术系学生的记录合并到音乐系学生表中。

4. 删除音乐系学生表中年龄小于 21 岁的学生的记录。

【提示】

（1）操作查询包括生成表查询、删除查询、更新查询和追加查询。操作查询会引起数据源的改变，并且这种改变是不可恢复的。

（2）创建生成表查询要单击"查询类型"组中的"生成表"按钮；创建删除查询要单击"查询类型"组中的"删除"按钮；创建更新查询要单击"查询类型"组中的"更新"按钮；创建追加查询要单击"查询类型"组中的"追加"按钮。

（3）任务 7-1～任务 7-4 的查询设置如图 3-18～图 3-21 所示。

图 3-18　任务 7-1 生成表查询设置

图 3-19　任务 7-2 更新查询设置

图 3-20　任务 7-3 追加查询设置

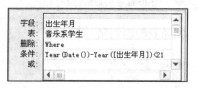

图 3-21　任务 7-4 删除查询设置

【思考】

若任务 7-4 要求通过新增"年龄"字段来完成查询，应该如何设置查询？

实验二　SQL 查询

一、实验目的

1. 能利用 SQL 语句完成数据定义。
2. 能利用 SQL 语句实现数据查询。
3. 能利用 SQL 语句实现数据操纵。

二、实验内容

本实验中的查询均在"教学管理"数据库中进行。查询命名格式为任务+任务序号+"-"+题号。比如任务 1 的第 1 小题的查询名称为：任务 1-1。

任务 1　利用 SQL 建立、修改、删除表结构。

1. 定义名为"学生 1"的表结构，包括学号（CHAR（4））、姓名（CHAR（8））、出生日期（DATE）、性别（CHAR（1））、高考总分（INT）和简历（MEMO），要求设置学号为主键，姓名非空。

2. 在"学生 1"表中增加一个"籍贯"字段。

3. 将"学生 1"表中的学号字段宽度增加到 12 个字符。

4. 将"学生 1"表中"性别"和"籍贯"字段删除。

5. 将"学生 1"表复制成"学生 2"表，再将"学生 1"表删除。

【提示】

（1）创建表结构的语句格式如下。

```
CREATE  TABLE <表名>（<字段名 1> <数据类型> [字段完整性约束条件 1]
             [,<字段名 2> <数据类型> [字段完整性约束条件 2]]
             [,…]
             [,<字段名 n> <数据类型> [字段完整性约束条件 n]]）
             [,<表级完整性约束条件>]；
```

（2）修改表结构的语句格式如下。

```
ALTER  TABLE <表名>
[ADD  <新字段名> <数据类型>[字段完整性约束条件]]
[DROP  [<字段名>  ]…]
```

```
[ALTER <字段名> <数据类型>];
```

（3）删除表的语句格式如下。

```
DROP TABLE <表名>;
```

（4）SQL 视图窗口中只能输入一条语句，但可分行输入，系统会把英文标点符号";"作为语句的结束标志；当需要分行输入时，不能把 SQL 语言的关键字或字段名分在两行。

（5）SQL 语句中所有的标点符号和运算符号均为 ASCII 字符。

（6）每两个单词之间至少要有一个空格或有必要的逗号。

任务 2　利用 SQL 建立、删除索引。

1. 在"学生 2"表的班级名称和性别字段上建立一个名为 bjmc_xb 的索引，要求先按班级名称升序排列，再按性别降序排列。

2. 删除"学生 2"表中名为 bjmc_xb 的索引。

【提示】

（1）建立索引的语句格式如下。

```
CREATE INDEX <索引名>
ON <表名>(<字段名> [ASC/DESC][, <字段名> [ASC/DESC]]…);
```

（2）删除索引的语句格式如下。

```
DROP INDEX <索引名> ON <表名>;
```

（3）一个表上可以建立多个索引，默认情况下按照索引字段的升序排列。

任务 3　利用 SQL 创建查询。

1. 检索全部学生表的信息。

2. 检索学生选修的课程号。

3. 检索女学生的学号、姓名和出生年月。

4. 查询综合成绩在 70～80 分之间的学生的选课情况，显示其学号、姓名、课程编号和综合成绩。

5. 查询"软件工程""C 语言程序设计"和"数据库原理与应用"3 门课程的总学时，并按总学时升序排列。

6. 查询出所有姓李的学生的情况。

7. 查询数理系、文史系、教科系的学生的姓名、系名称。

8. 查询选修了课程名中有"程序设计"的学生的学号、姓名和课程名。

9. 查询信息科学与工程系的学生的学号、姓名和年龄。

10. 查询综合成绩大于等于 85 分的学生的姓名、课程名和成绩。姓名按升序排列，成绩按降序排列。

11. 求学号为"201003050101"的学生的各科综合成绩的总分和平均分。

12. 求选修 10 门以上课程的学生的学号及选课门数。

13. 求各门课程综合成绩的平均分、最高分、最低分、最高分与最低分之差及各门课程的选修人数。

14. 查询系编号为 04 的所有学生的选课记录。

15. 找出年龄大于"周敏"的学生的姓名（要求用嵌套查询完成）。

16. 查询选修了"大学计算机基础"课程的学生中综合成绩最高的学生学号和综合成绩（要求用嵌套查询完成）。

17. 查询女学生或选课成绩大于 80 分的学生的学号（要求用联合查询完成）。

【提示】

（1）创建查询的语句格式如下。

```
SELECT   <字段列表>                      //查询的目标列名表
FROM   <表名1>   [,<表名2>]…              //查询的数据源
[WHERE   <条件表达式>]                    //查询的选择条件或表的连接条件
[GROUP  BY <字段名> [HAVING <条件表达式>] ]    //对查询结果分组及分组的选择条件
[ORDER  BY <字段名>[ASC | DESC] ];        //对查询结果排序
```

（2）当涉及多表查询时，一般选择联合查询，若联合查询实现不了，再选择嵌套查询。

（3）当涉及多表查询时，应在所有字段的字段名前面加上表名，并且使用"."分开，除非字段唯一。

（4）当查询中需要显示的字段不在表中时，可增加新字段，使用表中原有字段通过计算获得新字段的计算表达式，并使用 AS 子句为其命名。

（5）当需要对查询的结果进行统计计算时，可使用聚集函数，常用的聚集函数如下。

- 求平均值函数：AVG( )。
- 求总和函数：SUM( )。
- 求最小值函数：MIN( )。
- 求最大值函数：MAX( )。
- 计数函数：COUNT( )。

（6）联合查询（UNION）是将多个查询的结果集合并在一起。创建联合查询时，可以使用 WHERE 子句进行条件筛选。但是，联合查询中合并的选择查询必须具有相同的输出字段数、采用相同的顺序并包含相同或兼容的数据类型。

任务 4   利用 SQL 语句实现对数据的更新。

1. 向"学生"表插入一条记录。

2. 将系编号为 03 的全体学生选修"C 程序设计"课程的信息添入"学生选课"表。

3. 删除学号为"201101010104"的学生记录。

4. 删除系编号为 03 的所有学生选修"C 程序设计"课程的选课记录。

5. 将"学生选课"表中所有选修"000GB002"课程的学生的"末考成绩"提高 5 分 。

【提示】

（1）插入一条记录的语句格式如下。

```
INSERT  INTO  <表名> [( <字段名1>[,<字段名2>…] )]
VALUES ( <常量1>[,<常量2>…] );
```

VALUES 子句中常量的个数与数据类型必须要与 INTO 子句中所对应字段的个数和数据类型相同。

（2）成批追加数据的语句格式如下。

```
INSERT  INTO  <表名> [( <字段名 1>[,<字段名 2>…] )]
子查询;
```

（3）删除记录的语句格式如下。

```
DELETE  FROM  <表名>
[WHERE  <条件>];
```

注意
　　　　当没有 WHERE 子句时，将删除指定表中的所有记录。

（4）更新纪录的语句格式如下。

```
UPDATE  <表名>
SET  <字段名 1>=<表达式 1>  [,<字段名 2>=<表达式 2>]…
```

模块四
数据库系统的窗体设计

实验一　快速创建窗体

一、实验目的

1. 以"教学管理"数据库为练习实例，掌握利用窗体工具快速创建窗体的方法。
2. 初步认识"属性表"对话框和"字段列表"对话框的使用。

二、实验内容

任务 1　利用"窗体"工具创建窗体。

在"教学管理"数据库中，以表对象"学生"为数据源创建图 4-1 所示的纵栏式窗体，窗体名称为"学生窗体"。

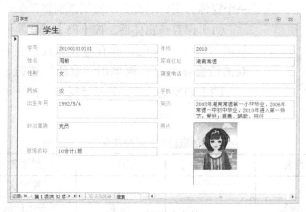

图 4-1　纵栏式窗体

【提示】

（1）在利用"窗体"工具创建纵栏式窗体时，生成的窗体下部分会出现与记录源有关系的表对象的数据列表。若不需要，可以在布局视图下，选中下面的对象，在键盘上按【Delete】键即可删除。

（2）如果照片很小，可以在设计视图下调整照片所在的"绑定对象框"控件，在默认的情况下很难调整该控件，解决的方法是：打开"设计视图"，单击照片所在的"绑定对象框"控件，在"窗体设计工具"下单击"排列"选项卡，在"表"组中单击"删除布局"按钮即可调整大小。

任务 2 利用"窗体向导"工具创建窗体。

在"教学管理"数据库中，利用窗体向导创建图 4-2 所示的主/子窗体，主窗体名称为"学生选课主窗体"，子窗体名称为"学生选课子窗体"。

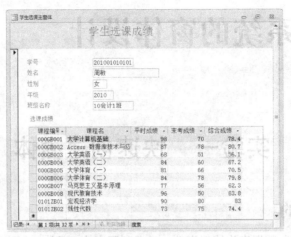

图 4-2 利用窗体向导创建的主/子窗体

图 4-3 利用"空白窗体"工具创建的窗体

任务 3 利用"空白窗体"工具创建窗体。

在"教学管理"数据库中，利用"空白窗体"工具创建图 4-3 所示的窗体，窗体名称为"学生选课情况"。

任务 4 利用"其他窗体"工具创建窗体。

1. 在"教学管理"数据库中，利用"模式对话框"工具创建一个窗体，窗体名称为"对话框窗体"。

（1）保存该窗体后，按【F5】键切换到该窗体的窗体视图，单击"确定"按钮，看看有什么反应？再在"导航"窗格中双击该窗体对象，再单击"取消"按钮，看看有什么反应？

（2）切换到该窗体的设计视图，打开"属性表"对话框，请填写表 4-1 中的空。

表 4-1　　　　　　　　　　　　对话框窗体及其控件属性

控件名	属性名	属性值	控件名	属性名	属性值
窗体	自动居中		窗体	控制框	
	自动调整			关闭按钮	
	边框样式			最大/最小化按钮	
	记录选择器		命令按钮	名称	Command0
	分隔线			标题	
	滚动条			单击	

【提示】

（1）选择"开始"选项卡，在"视图"组中单击"视图"按钮，在下拉列表中选择"设计视图"，打开窗体的设计视图。

（2）选择"窗体设计工具|设计"，在"工具"组中单击"属性表"按钮打开"属性表"对话框，在对话框的对象组合框中选择"窗体"，在"格式"选项卡中查看窗体的属性值；在对话框的对象组合框中选择"command1"，单击"全部"选项卡中查看命令按钮的属性值，单击"事件"选项卡查看事件。

2．在"教学管理"数据库中，建立图 4-4 和图 4-5 所示的数据透视表和数据透视图。窗体名称分别为："按性别统计各民族教师男女人数数据透视表"，"按系别统计教师不同学历人数数据透视图"。

图 4-4 按性别统计各民族教师男女人数数据透视表

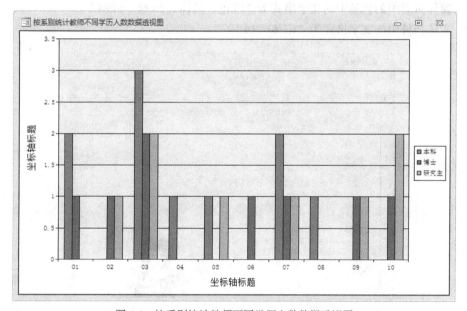

图 4-5 按系别统计教师不同学历人数数据透视图

【提示】

（1）在建立数据透视表时，注意下面两个工具的使用："数据透视表工具|设计|显示/隐藏"组中的"拖放区域"和"隐藏详细信息"。

（2）在建立数据透视图时，注意下面两个工具的使用："数据透视图工具|设计|显示/隐藏"组中的"拖放区域"和"图例"。

【思考】

（1）若要将图 4-2 中的窗体改为"学生选课"，应如何操作？

（2）图 4-3 所示的课程编号所在的控件是什么类型的控件？能够在布局视图下将选课表中的其他字段放到该控件中吗？

实验二　利用设计视图创建窗体

一、实验目的

1. 以"教学管理"数据库为练习实例，掌握利用设计视图创建窗体的方法。
2. 掌握常用控件的使用方法，熟练进行控件的操作与布局。
3. 能综合运用窗体以及控件对象解决实际问题。

二、实验内容

任务 1　利用"设计视图"工具创建窗体。

利用"设计视图"工具创建图 4-6 所示的窗体，并将窗体名称设为"学生信息窗体"。其中：

（1）窗体页眉中的标签中的文字格式为"红色、黑体、18 磅、倾斜"。

（2）主体控件中的文字格式为"宋体、14 磅"。

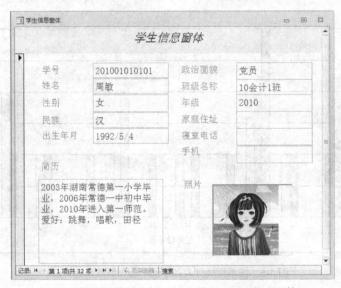

图 4-6　利用"设计视图"工具创建的"学生信息窗体"

【提示】

（1）首先设置窗体的"记录源"属性。

（2）从字段列表中双击学生表中的每个字段到窗体的主体部分后，注意多个控件的选中及移动。并注意"窗体设计工具"下的"设计""排列"和"格式"3 个选项卡的使用：通过"排列"选项卡下"调整大小和排序"组中的"对齐"和"大小/空格"工具可以对齐控件，调整控件之间的间距；通过"格式"选项卡下的工具能方便地设置控件中的字符格式。

任务 2　控件的使用。

1. 命令按钮、列表框、组合框的使用。

修改"学生信息窗体"，要求如下。

（1）将"性别"文本框更改为"列表框"，并要求列表框的值来自于下面固定的值：男、女，并与学生表中的"性别"字段绑定。

（2）将"班级名称"组合框更改为"组合框"，并要求组合框的值来自于"班级表"中的班级名称字段值，并与学生表中的"班级名称"字段绑定。

（3）在窗体页眉部分添加命令按钮，并能实现命令按钮标题上所显示的功能。

修改后的窗体视图如图 4-7 所示。

图 4-7　修改并增加了控件的"学生信息窗体"

2．文本框的使用。

利用设计视图建立窗体，运行效果如图 4-8 所示。窗体的名称为：计算两数的和。

要求如下。

（1）在窗体的主体部分放置 3 个文本框，附加标签的名称默认，其标题属性值如图 4-8 所示。文本框从上到下的名称分别为：txtAdded、txtAdd、txtResult。在上面两个文本框中分别输入两个数字，单击命令按钮时，即可在第 3 个文本框中显示出运算结果。

（2）窗体运行时，在前面两个文本框里输入数字，将焦点移到第 3 个文本框时就能在该文本框中显示出这两个数的和。

图 4-8　计算两数的和的窗体视图

【提示】

设置 txtResult 的"控件来源"属性为：=val(txtAdded)+val(txtAdd)。

【思考】

（1）如果将 val()函数去掉，看看会产生什么结果？由此你能得出什么结论？

（2）如何去掉该窗体的记录选择器以及导航按钮？如何去掉最大化、最小化按钮？如果在去掉关闭按钮后，在窗体上添加一个什么控件能在窗体运行时单击该控件关闭窗体？

3．选项卡、选项组、选项按钮、切换按钮、复选框控件的使用。

创建图 4-9～图 4-11 所示的选项卡窗体，窗体名称为：专业评估。要求如下。

（1）在窗体页眉上放一个文本框，要求窗体运行时，能显示"专业"表的"专业编号"字段值，如图 4-9 所示。

图 4-9 第一个选项卡的页面窗体视图

（2）在主体部分放一个选项卡，该选项卡有 3 个页面，页面名称和页面标题属性分别为：page1，专业评价；page2，专家建议；page3，所属系部，如图 4-9 所示。

（3）page1 页面上放两个选项组，左边第一个选项组的附带标签的标题为"师资水平"，该选项组里有 4 个选项按钮，附带标签的标题从上到下依次为：高、较高、较低、低；第二个选项组的附带标签的标题为"实验条件"，该选项组里有 4 个切换按钮，附带标签的标题从上到下依次为：好、较好、差、较差。在该页面的右侧放一个标签，标题为"通过的项目"，在其下放置 5 个复选框，附带标签的标题从上到下依次为：专业发展规划、师资队伍建设、教研与科研、实践教学、办学特色，如图 4-9 所示。

（4）在 page2 页面上放置一个文本框，附带标签及文本框的位置如图 4-10 所示。

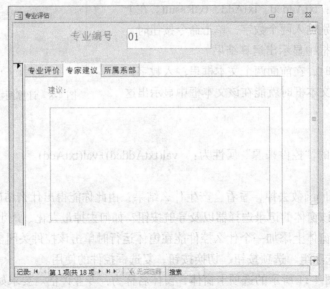

图 4-10 第二个选项卡的页面窗体视图

（5）在 page3 页面上放一个选项组和 5 个复选框，选项组附带标签的标题为"院系"，5 个复选框附带标签的标题从上到下依次为：文史系、外语系、信息科学与工程系、数理系、经济管理系。要求当窗体页眉上的专业为复选框所列院系时，对应的复选框会被选中，如图 4-11 所示。

图 4-11 第三个选项卡的页面窗体视图

【提示】

page3 上的复选框可以单独放在选项卡上，也可以利用选项组向导实现。

【思考】

（1）如何将 page1 页面上的选项组的名称修改为"frm_szsp"？如何将 page1 页面上从上到下第一个复选框的名称修改为"chk_zfg"？

（2）如果将 page1 页面上的复选框全部放在一个选项组里面，还能实现多选吗？由此可得出什么结论？

4．子窗体/子报表控件的使用。

创建主/子窗体，主窗体名为"查询学生成绩"主窗体，子窗体名为"查询学生成绩"子窗体，主窗体的窗体视图如图 4-12 所示。要求如下。

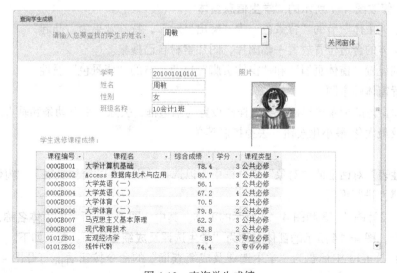

图 4-12 查询学生成绩

在窗体页眉上放置一个组合框，窗体运行时，在组合框中输入学生的姓名，能在主窗体中显示学生的学号、姓名、班级名称、相片。同时在子窗体控件中显示出该学生选修课程的情况，包括：课程编号、课程名、综合成绩、学分、课程类型。

【提示】

（1）首先新建一个名为"学生成绩查询"的查询，查询字段为：学号、课程编号、课程名、综合成绩、学分、课程类型。其中，学号的来源为"学生选课"表。

（2）主窗体的"记录源"属性设置为"学生"。

（3）在主窗体的窗体页眉部分放置组合框时使用组合框向导，数据来源为学生表。

（4）在主窗体的主体中放置子窗体/子报表时也用向导，在数据源中选择"学生选课表"，将全部字段选中。链接字段为"学生"表中的"学号"和"学生选课"查询中的"学号"字段。

（5）在子窗体中删除"学号"文本框和附带的标签。

【思考】

（1）如何在不使用"子窗体/子报表"控件向导的前提下实现同样的功能？此时在导航窗格中还会有子窗体吗？

（2）如何分别创建主窗体和子窗体，然后将两者组合起来实现同样的功能？

实验三 修饰窗体与创建系统控制窗体

一、实验目的

1. 以"教学管理"数据库为练习实例，掌握修饰窗体的方法。
2. 掌握创建切换窗体和导航窗体的方法，会设置启动窗体。
3. 能综合运用窗体以及控件解决比较复杂的应用问题。

二、实验内容

任务1 修改图4-7所示的"学生信息窗体"。

（1）设置"主体"节的"背景色"为"突出显示"，特殊效果为"凸起"。

（2）在窗体的合适位置放置一幅图片，图片素材自己搜集。

（3）分别设置"窗体页眉"和"窗体页脚"这两个节的"背景色"属性。

（4）设置窗体的主题。

（5）去掉窗体的记录选择器，边框样式设置为细边框，去除水平滚动条和垂直滚动条，去掉关闭按钮以及最大化/最小化按钮，去掉控制菜单。

【提示】

在"属性表"对话框的"对象"组合框中可以选择"主体""窗体页眉""窗体页脚"节，再对其相关属性进行设置。

任务2 设计图4-13和图4-14所示的窗体。其中，图4-13所示的窗体名称为"教务管理系统主界面"，图4-14所示的窗体名称为"学生选课及成绩查询"。要求如下。

（1）单击图4-13中标题为"学生选课及成绩查询"的命令按钮后能打开图4-14所示的窗体。

（2）当单击图 4-14 中标题为"成绩查询"的命令按钮后，能打开图 4-12 所示的"查询学生成绩"主窗体。

图 4-13　教学管理系统主界面

图 4-14　学生选课及成绩查询界面

【思考】

（1）若要实现"基础数据管理"功能，应该如何做？

（2）如何实现"教学管理系统"的其他功能？

任务 3　完善教材的"教学管理系统"的切换面板。

任务 4　完善教材的"教学管理系统导航"窗体，并将"教学管理系统导航"窗体设置为启动窗体。

模块五
数据库系统的报表设计

实验一　常用报表的创建

一、实验目的

1. 以"教学管理"数据库为练习实例,掌握创建和设计各种报表的方法。
2. 掌握在报表中使用常用控件的方法,能使用报表进行数据统计、分组和排序。

二、实验内容

任务 1　快速创建报表。

1. 使用"报表"工具,在"教学管理"数据库中以表对象"教师"为记录源快速创建图 5-1 所示的报表,报表名称为"任务 1-1"。

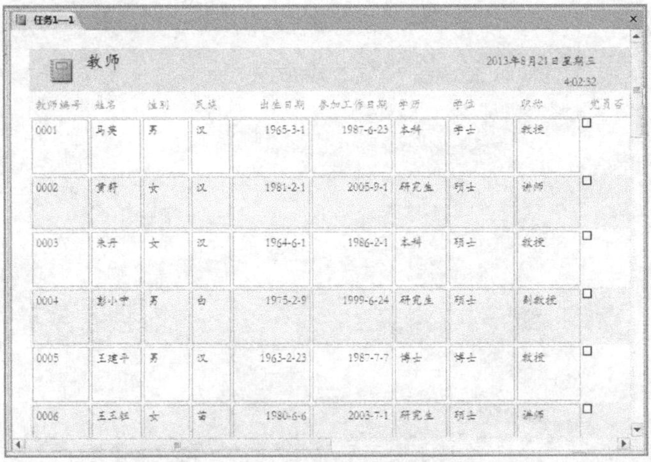

图 5-1　教师报表

【提示】

在利用"报表"工具创建报表时,若生成的报表的格式不是很理想,则可以对自动生成的报表继续在"布局视图"或"设计视图"中进行修改和完善。

2. 在"教学管理"数据库中，利用"报表向导"创建图 5-2 所示的"各系教师工资"报表，报表名称为"任务 1-2"。

图 5-2　各系教师工资报表

【提示】

（1）该报表的记录源来自"教师"表，选取所需的字段。

（2）在使用"报表向导"创建报表时，按照"系编号"字段分组，使用"汇总选项"对"基本工资"求平均，并按"教师编号"升序排列。

（3）利用"报表向导"生成报表后，可进入"设计视图"适当调整报表格式。

3. 在"教学管理"数据库中，使用"空报表"工具创建图 5-3 所示的"学生选课信息表"，报表名称为"任务 1-3"。

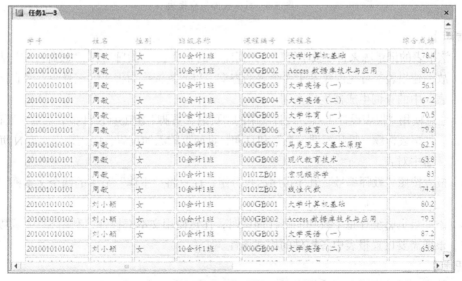

图 5-3　学生选课信息表

【提示】

（1）该报表的记录源来自"教学管理"数据库中的 3 个表："学生"表、"课程"表和"学生选课"表。

（2）利用"空报表"生成报表后，可进入"设计视图"适当调整和修改报表格式。

【思考】

（1）在使用"空报表"工具创建报表的过程中，若要删除不需要的字段，应如何操作？

（2）若要将报表标题"任务 1-3"改为"学生选课信息"，应如何操作？

任务 2　使用"设计视图"创建报表并对报表排序和分组。

1. 在报表"设计视图"中创建图 5-4 所示的"教师授课信息"报表，报表名称为"任务 2-1"。

图 5-4　教师授课信息报表

【提示】

（1）该报表的记录源来自"教学管理"数据库中的 3 个表："教师"表、"教师授课"表和"课程"表。故创建报表前可先创建基于 3 个表的查询，以此查询作为报表的记录源，或直接使用报表"属性表"中的查询生成器生成查询。

（2）注意使用"报表设计工具 / 设计"中的"页眉 / 页脚"组工具设计报表页眉和页面页脚。报表页眉添加报表标题"教师授课信息"和日期，页面页脚添加页码，格式采用"第 N 页，共 M 页"形式，居中对齐。

（3）报表按照"教师编号"升序排序后再分组，注意将"主体"节中的两个文本框"教师编号"和"姓名"移至组页眉节中。

（4）添加组页脚统计每个教师的合计周课时，注意使用文本框控件，利用 SUM 函数实现。

（5）根据需要设置报表中各控件的格式属性。

【思考】

（1）使用"设计视图"创建报表时，若要删除不需要的"页眉"或"页脚"应如何操作？

（2）若要统计每门课程开设的班级总数，应如何操作？

2. 在报表"设计视图"中创建图 5-5 所示的"教师职称信息表"报表，报表名称为"任务 2-2"。

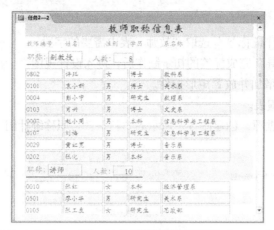

图 5-5 教师职称信息表

【提示】

（1）该报表的记录源来自"教学管理"数据库中的两个表："教师"表和"院系"表。

（2）对报表数据按"职称"字段分组，统计各职称的总人数，使用 COUNT 函数计算实现。

（3）在"职称页眉"组页眉节中绘制线条编辑报表。

【思考】

在以上创建的"教师职称信息表"中，若要分别统计每个系各职称的人数，又该如何操作？

实验二 创建标签和图表报表

一、实验目的

1. 以"教学管理"数据库为练习实例，掌握使用标签向导创建标签的方法。

2. 掌握创建图表报表的方法。

二、实验内容

任务 1 创建标签报表。

以"教师"表为数据源，创建图 5-6 所示的"教师工作证标签"报表，报表名称为"任务 1-1"。

图 5-6 "教师工作证标签"报表

【提示】

（1）根据"教师工作证标签"选取"教师"表中需要的字段。

（2）使用"标签向导"完成标签的初步制作后，进入设计视图进行格式布局修饰，适度调整各控件的位置，在底层增加并放置矩形控件。

任务 2　创建图表报表。

以"教师"表为数据源，创建图 5-7 所示的"各系教师职称统计图"报表，报表名称为"任务 1-2"。

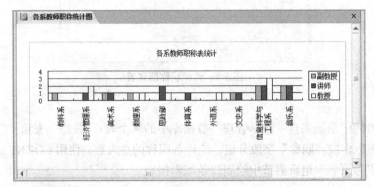

图 5-7　"各系教师职称统计图"报表

【提示】

（1）根据"各系教师职称统计图"报表的需要，先创建一个"各系教师职称"查询，查询结果中包含"教师编号""职称""系名称"3 个字段，以此查询作为图表报表的数据源。

（2）注意各字段数据在图表中的布局。"系名称"字段作为分类 X 轴，"职称"作为类别，"教师编号计数"作为数值统计 Y 轴。

【思考】

该"各系教师职称统计图"报表是否适合选取"柱形图"以外的其他图表类型？

模块六
宏操作

实验一 宏的创建与调试

一、实验目的

1. 以"教学管理"数据库为练习实例，掌握创建简单宏、宏组和条件宏的方法。
2. 了解宏的调试方法。

二、实验内容

任务1 创建简单宏。

创建名为"显示男教师"的简单宏。要求先弹出提示信息为"即将打开教师窗体，显示男教师情况"的信息框，然后打开"教师"窗体，在该窗体中只显示男教师。宏的运行过程如图 6-1 所示。

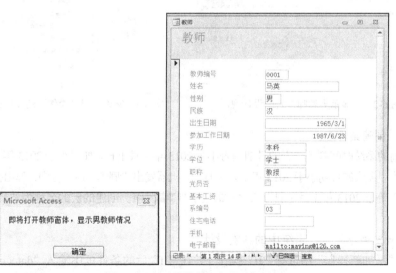

图 6-1 "显示男教师"宏的运行界面

【提示】

宏的设计视图如图 6-2 所示。

任务2　单步调试宏。

单步调试"显示男教师"宏。

任务3　创建宏组。

在"教学管理"系统中创建一个名为"记录操作"的宏组。该宏组由"移动到上一条""移动到下一条""新记录""首记录""末记录"和"关闭窗体"6 个宏组成。"移动到上一条"的功能是将记录移动到上一条；"移动到下一条"的功能是将记录移动到下一条；"新记录"的功能是增加一条新记录；"首记录"的功能是将记录移动到第一条；"末记录"的功能是将记录移动到最后一条；"关闭窗体"的功能是关闭当前窗体，同时要求在关闭窗体前计算机发出"嘟嘟"声。

【提示】

（1）要创建宏组，第一个操作命令选择"Submacro"。

（2）移动记录的操作命令为"GotoRecord"。

（3）创建好宏组后，在导航窗口的"宏"对象中双击该宏对象会出错。这是因为第一个宏还没有和具体的窗体对象联系起来。

（4）图 6-3 所示为该宏组的设计视图的部分截图。

图 6-2　"显示男教师"宏的设计视图　　　　图 6-3　宏组"记录操作"的设计视图的部分截图

任务4　创建条件宏。

根据当前的系统时间判断今天的日期是否小于 2013 年 1 月 1 日。如果小于 2013 年 1 月 1 日，则弹出提示信息为"今天的日期小于 2013 年 1 月 1 日"，机器发出"嘟嘟"声。否则，弹出提示信息为"今天的日期大于等于 2013 年 1 月 1 日"，机器发出"嘟嘟"声。创建的宏的名称为"日期判断"。

【提示】

（1）打开"教学管理"系统中的"宏设计器"。

（2）在"添加新操作"中选择"If"操作，并在"If"后的条件框中输入"date()<#2013/1/1#"。

（3）在"If"与"End If"之间添加新操作"MessageBox"，并设置"MessageBox"操作参数，如图 6-4 所示。

（4）单击"添加 Else"，在"Else"操作中，添加新操作"MessageBox"，具体操作参数设置如图 6-5 所示。

图 6-4　"MessageBox"操作参数的设置

图 6-5　在"Else"操作中设置"MessageBox"操作的参数

（5）保存宏，并命名为"日期判断"，运行宏，查看其运行结果。

【思考】

（1）怎样才能让在任务 3 中创建的宏组运行时不出错？

（2）对于"日期判断"宏，修改系统当前时间，查看该宏的运行效果。

实验二　宏与事件

一、实验目的

1. 掌握通过窗体或控件对象的事件触发宏的方法。

2. 熟练掌握嵌入宏的创建及简单应用。

二、实验内容

任务 1　通过窗体或控件对象的事件触发宏。

1. 创建一个数据源为"院系信息"的窗体，窗体视图如图 6-6 所示。窗体的名称为"查看院系信息"，去除窗体的"导航按钮"和"记录选择器"。再将该窗体复制一份，命名为"查看院系信息→嵌入宏"。要求如下。

（1）在复制窗体前，窗体中的命令按钮不能实现任何功能。

（2）命令按钮中的功能不能用向导创建，只能通过宏实现。

（3）"查看院系信息"窗体中的每个命令按钮功能只能利用本模块中的实验一之任务 3 中创建的宏组"记录操作"来实现。

【提示】

（1）可以先在表对象中选择"院系"表，然后利用"窗体"工具按钮快速创建一个纵栏式窗体，再修改窗体页眉上的标题，在窗体页脚上添加命令按钮。在添加命令按钮时如果弹出向导，单击"取消"按钮。

（2）将每一个命令按钮和"记录操作"宏组中的宏相联系。以图 6-6 所示的标题为"上一条记录"的命令按钮（假设该命令按钮的名称为 command18）为例，方法如下。

在窗体设计视图下，单击标题为"上一条记录"的命令按钮，在"属性表"对话框中进行图 6-7 所示的设置。

图 6-6 "查看院系信息"窗体视图   图 6-7 将命令按钮的单击事件和宏组相联系

图 6-8 "登录"窗体界面设计

2．按要求创建宏，"登录"窗体如图 6-8 所示。当输入的用户名为"student"，密码为"123456"时，单击"登录"按钮，将会打开"学生成绩"窗体；反之弹出消息框"用户名或密码有误！请重新输入！"。当单击"退出"按钮时弹出消息框"确定要退出登录窗体吗？"单击"确定"退出登录窗体，单击"取消"继续停留在该登录窗体上。

【提示】

（1）利用窗体设计器设计图 6-8 所示的"登录"窗体界面。假设该窗体中标题为"用户名"的标签右侧的文本框的"名称"为"Text1"；标题为"密码"的标签右侧的文本框的"名称"为"Text3"。

（2）创建"登录"宏。按照图 6-9 所示依次添加宏操作。

图 6-9 "登录"宏中添加的宏操作

（3）在"登录"窗体的设计视图中，打开标题为"登录"的命令按钮的"属性表"对话框，在"事件"选项卡中找到"单击"事件，在"单击"事件的下拉列表中选择"登录"宏。

（4）创建"退出"宏。按照图 6-10 所示添加宏操作。

（5）采用与（3）类似的方法将标题为"退出"的命令按钮的单击事件与"退出"宏绑定即可。

【思考】

在上述任务中，假设添加一个新的用户"teacher"，在输入密码为"123456"的情况下，单击"登录"按钮，进入"教师"窗体，该"登录"宏要如何设计？

任务 2　创建嵌入宏。

1．将上述任务 1-1 中复制的"查看院系信息→嵌入宏"窗体中的每个命令按钮的功能用嵌入宏来实现。

2．用嵌入宏的方法来设计任务 1-2 的宏。

【提示】

（1）复制一个"登录"窗体的副本，并重命名为"登录 1"窗体。在该窗体中将标题为"用户名"的标签右侧的文本框的"名称"改为"user"；标题为"密码"的标签右侧的文本框的"名称"改为"password"。

（2）打开"登录"按钮的"属性表"面板，在"事件"选项卡中找到"单击"事件，单击对应的"生成"按钮，在弹出的"选择生成器"对话框中选择"宏生成器"，打开宏设计窗口。按照图 6-11 所示依次设置操作参数。

图 6-10　"退出"宏中添加的宏操作

图 6-11　在宏设计窗口中设置操作参数

（3）按照（2）中的操作步骤用嵌入宏的方法自行设计"退出"按钮。

【思考】

该任务中的 SetProperty 操作起什么作用？

3．创建嵌入宏，完善主教材第 5 章创建的"教学管理系统"导航窗体。

模块七
数据库系统的 VBA 编程

实验一 利用 VBA 编写第一个程序

一、实验目的

1. 熟悉 VBA 的编程环境。
2. 初步认识在 VBE 中编写程序的步骤。
3. 进一步理解 VBA 编程的基本概念。

二、实验内容

任务 1 打开 VBE, 认识 VBE 窗口。

打开 "教学管理" 数据库, 打开 VBE 窗口。在 VBE 窗口下观察有哪些窗口, 并写出这些窗口的名称。

（1）没有出现的窗口有哪些？如何打开它们？

（2）打开立即窗口, 并将其移动到屏幕中间。在立即窗口里输入以下内容, 每输入一行按【Enter】键。写出计算结果。

```
? 3.14*5.4^2+mod(7,2)
? left("湖南第一师范",2)+"长沙"
```

（3）打开对象浏览器窗口, 观察该窗口; 在对象浏览器的左侧选择 DoCmd 对象, 观察右侧有哪些成员。

（4）关闭所有打开的窗口。

任务 2 利用 VBA 编写第一个程序。

打开教学管理数据库, 进行如下操作。

1. 新建一个空白窗体, 保存该窗体, 将该窗体命名为如下形式: 学生姓名+学号后两位数+第一个程序。如学生的姓名为 "李红", 学号后两位数为 "01", 则窗体名为 "李红01第一个程序"。

2. 在窗体上放置一个标签、一个文本框和两个命令按钮。窗体及控件的属性设置如表7-1 所示。

表 7-1　　　　　　　　　　　　　　　窗体及控件属性设置

控件名	属性名	属性值	控件名	属性名	属性值
窗体	自动居中	是	命令按钮1	名称	cmd_cac
	自动调整	否		标题	计算
	适应屏幕	否		字体	黑体
标签	名称	Label1		字号	18
	字号	18	命令按钮2	名称	cmd_exit
	字体	宋体		标题	退出
文本框	名称	text0		字体	黑体
	字体	黑体		字号	18
	字号	18			

编写程序，要求如下。

（1）单击标题为"计算"的命令按钮时，能在文本框中显示 13×31 的计算结果。

（2）单击标题为"退出"的命令按钮时，能关闭窗体。

【提示】

（1）可以参考主教材的例 8-1 实现要求中（1）的操作。

（2）要实现要求中（2）的操作，需先让系统自动生成 cmd_exit 命令按钮的事件过程框架，然后在该事件过程里输入下述代码：

```
DoCmd.Close
```

【思考】

（1）如果在窗体中再添加一个命令按钮，如何实现单击该命令按钮时清除文本框里的内容？

（2）能否实现单击窗体时，窗体的标题变成"Hello！"？

实验二　利用立即窗口测试表达式

一、实验目的

1. 熟悉立即窗口的使用方法。

2. 进一步熟悉表达式的计算方式。

二、实验内容

任务 1　运算符的使用。

利用立即窗口，计算下列表达式的结果，并填在相应的空白处。

1. 算术运算符

表　达　式	结　果	表　达　式	结　果
? 12 + 8.8		? 12 ^2	
? 13.80\3.9		? 9\4.2	
? 13.8/3.6		? 15.8/4	

表 达 式	结 果	表 达 式	结 果
? 13 mod 5		? 13.2 mod 5	
? 13.6 mod 5		? −13.6 mod −5	

2. 关系运算符

表 达 式	结 果	表 达 式	结 果
? "abc" = "ABC"		? "12" > "3"	
? "a" > "ab"		? 12 > 3	
? "abcd" > "abd"		? "abcd" like "abc?"	
? "abcd" <> "abd"		? "abcd" like "*bc*"	

3. 逻辑运算符

表 达 式	结 果	表 达 式	结 果
? 12>5 and 8>7		? 12>5 or 8>7	
? 12<5 and 8>7		? 12<5 or 8>7	
? 12>5 and 8<7		? 12>5 or 8<7	
? 12<5 and 8<7		? 12<5 or 8<7	

4. 连接运算符

表 达 式	结 果	表 达 式	结 果
? "100" + "121"		? "abc" + "121"	
? 100 & 121		? "abc" & "121"	
? "100" & 121		? "abc" & 121	

5. 表达式和优先级

表 达 式	结 果	表 达 式	结 果
? 15 + 3 * 2		? 15 + 3 * 2 mod 4	
? 15 + 5 * 3 mod 5\3/2		? 5*5/5	
? 5*5\5/5		? (5*5\5)/5	

【提示】

（1）打开"教学管理"数据库，打开 VBE 窗口。

（2）在 VBE 菜单中选择"视图"|"立即窗口(I)"命令，打开立即窗口。

（3）在立即窗口中输入表达式，按【Enter】键显示计算结果。

任务 2　函数的使用。

利用立即窗口，计算下列函数的结果并填在相应的空白处。

1. 数学函数

函 数	结 果	函 数	结 果
? Abs(5)		? Abs(−5)	
? Int(3.9)		? Int(−3.9)	
? Fix(3.9)		? Fix(−3.9)	
? Round(3.14)		? Round(3.54)	
? Round(3.14,1)		? Round(3.14159,3)	
? Sgn(5)		? Sgn(−5)	

续表

函　数	结　果	函　数	结　果
? Sgn(0)		? Exp(2)	
? Sqr(9)		? Rnd	
? Int(Rnd*100)		? Int(Rnd*6)+1	

2. 字符串函数

函　数	结　果	函　数	结　果
? Left("abcdefg",3)		? Left("数据库技术与应用",3)	
? Right("abcdefg",3)		? Right("数据库技术与应用",3)	
? Mid("abcdefg",3,2)		? Mid("数据库技术与应用",3)	
? Len("12321")		? Ltrim("　abc　")	
? Rtrim("　abc　")		? Trim("　abc　")	
? String(5,"a")		? Instr(2,"ABaCAbA","A")	
? Instr(2,"ABaCAbA","A",0)		? Instr("ABaCAbA","a")	

3. 日期/时间函数

函　数	结　果	函　数	结　果
? Date()		? Time()	
? Now()		? Year(Date())	
? Weekday(#2013-10-1#)		? Dateserial(2013,9+1,8−7)	
? Dateserial(2013,9+1,0)		? IsDate("2013-10-33")	

4. 类型转换函数

函　数	结　果	函　数	结　果
? asc("abc")		? asc("b")	
? chr("97")		? chr("43")	
? str(97)		? str(−9)	
? val("17")		? val("12　34")	
? val("12ab34")		? val("ab34")	
? cbool(0)		? cbool(−9)	

实验三　结构化程序设计

一、实验目的

1. 掌握 VBA 程序语句的正确书写形式。

2. 掌握 If 条件语句的使用方法，能利用 If 条件语句解决简单的应用问题。

3. 掌握 Select Case 语句的使用方法，能利用 Select Case 语句解决简单的应用问题。

4. 掌握 For 循环、Do 循环、While 循环结构的使用方法，能利用循环结构解决简单的应用问题。

5. 初步熟悉多重循环的使用方法，能利用多重循环解决简单的应用问题。

6. 掌握 VBA 过程的创建方法，能利用 VBA 过程解决简单的应用问题。

7. 初步熟悉数组的使用方法，能利用数组解决简单的应用问题。

8. 掌握 VBA 程序的调试方法，能对程序代码进行测试与排错。

9. 能综合利用各种控制语句解决简单的实际问题。

二、实验内容

任务 1　顺序结构的使用。

创建"随机数发生器"。

打开教学管理数据库，进行如下操作。

（1）新建一个空白窗体，保存该窗体，并将该窗体命名为：学生姓名+学号后两位数+实验三任务 1。

（2）在窗体上放两个文本框、1 个命令按钮、4 个标签，如图 7-1 所示。窗体及控件（只列出窗体右侧的标签属性，其他 3 个标签的标题名分别为"请输入随机数的范围""从"和"到"，标签名称默认）的属性设置如表 7-2 所示。

图 7-1　随机数发生器窗体

表 7-2　　　　　　　　　　　　　　　窗体及控件属性设置

控件名	属性名	属性值	控件名	属性名	属性值
窗体	自动居中	是	命令按钮	名称	cmd_生成
	自动调整	否		标题	生成
	适应屏幕	否		字体	黑体
文本框 1	名称	txt_下限		字号	18
	字体	黑体	标签	名称	lb_随机数
	字号	18		字体	黑体
文本框 2	名称	txt_上限		字号	36
	字体	黑体		背景色	浅色文本
	字号	18			

编写程序的要求：单击标题为"生成"的按钮时，在右侧标签中显示文本框两个数之间的一个随机数。

【提示】

在标题为"生成"的命令按钮的单击事件过程中编写代码。参考代码如下。

```
Private Sub cmd_生成_Click()
    Dim a%, b%, x%
    a = Val(txt_下限.Value)
    b = Val(txt_上限.Value)
    x = Int(Rnd * (b - a + 1) + a)
    lb_随机数.Caption = x
End Sub
```

任务 2　选择结构的使用。

编写程序，将成绩的分数（百分制）转化为等级。

打开教学管理数据库，进行如下操作。

（1）新建一个空白窗体，保存该窗体，并将该窗体命名为：
学生姓名+学号后两位数+实验三任务 1。

（2）在窗体上放置两个文本框、两个命令按钮，如图 7-2 所
示。窗体及控件的属性设置如表 7-3 所示。

图 7-2　分数等级输出窗体

表 7-3　　　　　　　　　　　　　　窗体及控件属性设置

控件名	属性名	属性值	控件名	属性名	属性值
窗体	自动居中	是	命令按钮 1	名称	cmd_确定
	自动调整	否		标题	确定
	适应屏幕	否		字体	黑体
文本框 1	名称	txt_分数		字号	18
	字体	黑体	命令按钮 2	名称	cmd_退出
	字号	18		标题	退出
文本框 2	名称	txt_等级		字体	黑体
	字体	黑体		字号	18
	字号	18			

编写程序的要求如下。

（1）单击标题为"确定"的按钮时，显示成绩的等级：当分数在区间[90，100]时，输出"优秀"；当分数在区间[80，90）时，输出"良好"；当分数在区间[70，80）时，输出"中等"；当分数在区间[60，70）时，输出"及格"；当分数在区间[0，60）时，输出"不及格"。

（2）单击标题为"退出"的按钮时，关闭窗体。

【提示】

（1）在标题为"确定"的命令按钮的单击事件过程中编写代码。参考代码如下。

```
Private Sub cmd_确定_Click()
    Dim x As Single
    x = Val(txt_分数.Value)
    If x >= 90 Then
        txt_等级.Value = "优秀"
    ElseIf x >= 80 Then
        txt_等级.Value = "良好"
    ElseIf x >= 70 Then
        txt_等级.Value = "中等"
    ElseIf x >= 60 Then
        txt_等级.Value = "及格"
    Else
        txt_等级.Value = "不及格"
    End If
End Sub
```

（2）在命令按钮"退出"的单击事件过程中编写代码。代码如下。

```
Private Sub cmd_退出_Click()
    DoCmd.Close
End Sub
```

【思考】

（1）运用 Select Case 语句完成本题。

（2）如何增加条件，让成绩输入为"空"或超出 0～100 的范围时，弹出错误提示？

任务 3　循环结构及数组的使用。

1. 编写程序，利用 For 循环结构求 1～n 的所有奇数的和。

【提示】

利用输入框输入 n 的值，计算的结果用消息框显示。

参考代码如下。

```
Private Sub Cmd_Click()
    Dim n As Integer, s As Integer, i As Integer
    s = 0
    n = Val(InputBox("请输入 n 的值"))
    i = n
    For i = 1 To i Step 2
        s = s + i
    Next i
    MsgBox "1至" & n & "的所有奇数的和" & s
End Sub
```

【思考】

（1）如何用 Do 循环结构语句编写程序？

（2）若要使计算结果立即在窗口显示，该如何修改程序？

2. 冒泡法排序。

打开教学管理数据库，进行如下操作。

（1）新建一个空白窗体，保存该窗体，并将该窗体命名为：学生姓名+学号后两位数+实验三任务 4。

图 7-3　冒泡法排序窗体

（2）在窗体上放 6 个文本框、2 个命令按钮、3 个标签，如图 7-3 所示。窗体及控件的属性（标签的属性省略，其标题参考图 7-3）设置如表 7-4 所示。

表 7-4　　　　　　　　　　　　　窗体及控件属性设置

控件名	属性名	属性值	控件名	属性名	属性值
窗体	自动居中	是	命令按钮 1	名称	cmd 升序
	自动调整	否		标题	升序
	适应屏幕	否	命令按钮 2	名称	cmd 降序
文本框 1	名称	txt1		标题	降序
文本框 2	名称	txt2	文本框 5	名称	txt5
文本框 3	名称	txt3	文本框 6	名称	cmd_排序
文本框 4	名称	txt4			

编写程序的要求：单击标题为"升序"按钮时，将输入的 5 个数按从小到大的顺序排列，显示在文本框中；单击标题为"降序"按钮时，将输入的 5 个数按从大到小的顺序排列，显示在文本框中。

【提示】

升序按钮的单击事件过程参考代码如下。

```
Private Sub cmd升序_Click()
    Dim t As Long, a(1 To 5) As Long, i As Integer, j As Integer
    txt排序 = ""
    a(1) = Val(txt1)
    a(2) = Val(txt2)
    a(3) = Val(txt3)
    a(4) = Val(txt4)
    a(5) = Val(txt5)
    For i = 1 To 4
      For j = i + 1 To 5
        If a(i) > a(j) Then
            t = a(i)
            a(i) = a(j)
            a(j) = t
        End If
      Next j
    Next i
    For i = 1 To 5
      txt排序 = txt排序 & a(i) & Space(2)
    Next i
End Sub
```

【思考】

（1）编写程序，完善降序排序功能。

（2）如果用输入框来输入 5 个数，该如何编写程序？

3．编制程序，输出 1 000 之内的所有完数。"完数"是指一个数恰好等于它的因子之和，如 6 的因子为 1、2、3，而 6=1+2+3，因此，6 就是完数。

【提示】

程序参考代码如下。

```
Private Sub Cmd_Click()
    Dim t%, i%, j%, s$
    s = ""
    For i = 1 To 1000
      t = 0                      '保存 i 的所有小于它本身的因子之和
      For j = 1 To i - 1
      If i Mod j = 0 Then        '判断 j 是否是 i 的因子
        t = t + j
      End If
    Next j
    If t = i Then                '判断 i 是否符合完数的条件
      s = s & i & ","
    End If
    Next i
```

```
    Debug.Print "1000之内的完数有: " & s
End Sub
```

【思考】

（1）如何求 1 000 以内所有完数的和？

（2）如何实现用键盘输入一个数，判断其是否为完数，并用消息框显示结果？

4. 猴子吃桃问题：猴子第 1 天摘下若干桃子，当即吃掉一半，又多吃一个，第二天将剩余的部分吃掉一半还多吃一个；依此类推，到第 10 天只剩余 1 个。问第 1 天共摘了多少桃子？

【提示】

程序参考代码如下。

```
Private Sub cmd_Click()
    Dim day%, sum%
    day = 10
    sum = 1
    Do While day > 1
        sum = (sum + 1) * 2
        day = day - 1
    Loop
    Debug.Print sum
End Sub
```

【思考】

能否使用 for 循环结构解决此问题？

任务 4　过程的使用。

1. 创建一个过程 swap，该过程的功能是交换给定的两个参数 x 和 y 的值。

【提示】

打开教学管理数据库，进行如下操作。

（1）打开 VBE 窗口，新建一个模块，选择"插入|过程"命令，打开"添加过程"对话框，在"名称"文本框中输入过程名称 swap，在"类型"选项组中选择"子程序"单选按钮，如图 7-4 所示。

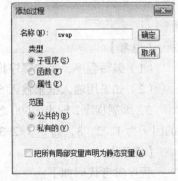

图 7-4　"添加过程"对话框

（2）单击"确定"按钮，模块代码中会添加一个名为 swap 的过程。

（3）在 swap 过程中输入以下代码，以实现两个参数 x 和 y 值的互换。

```
Public Sub swap(x As Integer, y As Integer)
    Dim t As Integer
    t = x
    x = y
    y = t
End Sub
```

2. 使用输入框输入两个数，通过调用上述创建的过程 swap 将两数互换，并用消息框输出。

【提示】

程序参考代码如下。

```
Private Sub cmd_swap_Click()
    Dim x%, y%
    x = InputBox("请输入 x")
    y = InputBox("请输入 y")
    Call swap(x, y)
    MsgBox "交换后的值为" & x & "," & y
End Sub
```

【思考】

通过 swap 过程来实现两个数从小到大排序？

任务 5   VBA 程序运行错误处理。

利用 InputBox 函数输入数据时，在输入框中不输入数据或直接单击"取消"按钮，将会产生程序运行错误。要求使用错误处理代码提示用户，显示错误提示对话框。

【提示】

打开教学管理数据库，进行如下操作。

（1）新建一个空白窗体。

（2）在窗体上放入一个命令按钮，设置属性名称为"cmd_ErrorTest"，标题为"错误处理测试"。

（3）打开 VBA 编辑器。右键单击命令按钮"错误处理测试"，选择"事件生成器"，在弹出的"选择生成器"对话框中选择"代码生成器"打开 VBA 编辑器，在编辑器窗口中会出现代码窗口。

（4）在命令按钮"错误处理测试"的单击事件过程中编写代码。代码如下。

```
Private Sub cmd_ErrorTest_Click()
    On Error GoTo Err1              '当错误发生时，转到标号"Err1:"位置执行
    Dim a As Integer
    a = InputBox("请输入数据")
    MsgBox a
    Exit Sub
Err1:                              '标号
    MsgBox "没有输入数据或按"取消"按钮！"  '错误提示
End Sub
```

（5）运行窗体，单击"错误处理测试"按钮，在弹出的输入框中不输入任何值，直接单击"确定"按钮或"取消"按钮时，执行错误处理代码，如图 7-5 所示。

图 7-5   错误处理测试效果

【思考】

如果出现错误，如何使用错误处理代码提示用户，显示错误代码和错误名称？

实验四　利用 VBA 进行数据库应用程序设计

一、实验目的

1. 掌握利用 ADO 访问数据库的方法。

2. 熟练利用 ADO 编写常用的数据库应用程序，为后续编写较复杂的数据库应用系统打下良好的基础。

二、实验内容

任务 1　在"教学管理"数据库中用 Recordset 对象创建"教师"记录集，向后移动记录，显示所有男教师的编号和姓名，并计算记录数。

【提示】

在"教学管理"数据库中已有"教师"表。程序参考代码如下。

```
Public Sub rs816()
    Dim cnn As New ADODB.Connection
    Dim rs As New ADODB.Recordset
    Set cnn = CurrentProject.Connection
    cnn.CursorLocation = adUseClient
    rs.Open "SELECT * FROM 教师", cnn
    Debug.Print "教师共" & rs.RecordCount & "人"
    rs.Filter = "性别 = '男' "
    Do Until rs.EOF
        Debug.Print rs("教师编号"), rs("姓名")
        rs.MoveNext
    Loop
    Debug.Print "男教师共有" & rs.RecordCount & "人"
    rs.Close
    cnn.Close
    Set rs = Nothing
    Set cnn = Nothing
End Sub
```

任务 2　编程实现录入院系信息的功能。

在"教学管理"数据库中已有"院系"表，表结构如表 7-5 所示。通过使用窗体输入数据，添加信息到"院系"表中。在添加信息的时候需对系编号的值进行判断，系编号不能为空并且不能有重复。

【提示】

打开教学管理数据库，进行如下操作。

（1）在"教学管理"数据库中新建一个"院系信息录入"窗体。在窗口中放置控件，并设置控件属性如图 7-6 所示，各控件属性设置如表 7-6 所示。

图 7-6　院系信息录入窗体

表 7-5   "院系" 表结构

字段名	数据类型	字段大小	字段名	数据类型	字段大小
系编号	文本	2	系网址	超链接	
系名称	文本	30	系办电话	文本	13
系主任	文本	10			

表 7-6   "院系信息录入" 窗体控件的主要属性设置

控 件 名	属 性 名	属 性 值	控 件 名	属 性 名	属 性 值
标签	标题	院系信息录入	按钮	名称	cmd 确定
	字体名称	隶书		标题	确定录入
	前景色	黑色文本	按钮	名称	cmd 清除
文本框	名称	txt 编号		标题	清除
文本框	名称	txt 名称	按钮	名称	cmd 退出
文本框	名称	txt 主任		标题	退出
文本框	名称	txt 网址	文本框	名称	txt 电话

（2）编写"确定录入"按钮单击事件程序代码。单击"确定录入"按钮时，先判断系编号的输入值，如果为空或已存在则弹出相应错误提示对话框；输入的系编号符合要求则将所填数据全部保存到"院系"表中，完成数据的录入。详细程序代码如下。

```
Private Sub cmd确定_Click()
    Dim strSQL As String
    If IsNull(Me!txt编号) Or Me!txt编号 = "" Then        '编号为空的情况
        MsgBox "系编号不能为空! ", vbCritical, "警告消息"
        Me!txt编号.SetFocus
    ElseIf Not IsNull(DLookup("[系编号]","院系","[系编号] = '" & _Me!txt编号 & "'")) Then
                                                '编号已存在的情况
        MsgBox "此编号已存在，请重新输入! ", vbCritical, "警告消息"
        Me!txt编号.SetFocus
    Else                                         '编号不重复的情况
        strSQL = "INSERT INTO 院系(系编号,系名称,系主任,系网址,系办电话)"
        strSQL = strSQL & "values('" & Me!txt编号 & "','" & Me!txt名称 & _
"','" & Me!txt主任 & "','" & Me!txt网址 & "','" & Me!txt电话 & "')"
        DoCmd.RunSQL strSQL                        '执行SQL语句，追加记录
        MsgBox "已成功录入一个院系信息! ", vbOKOnly, "成功"
    End If
End Sub
```

（3）编写"退出"按钮单击事件程序代码。

```
Private Sub cmd退出_Click()
    DoCmd.Close                                  '关闭窗体
End Sub
```

（4）编写"清除"按钮单击事件程序代码。

```
Private Sub cmd清除_Click()
    Me!txt 编号 = ""
    Me!txt 名称 = ""
    Me!txt 主任 = ""
    Me!txt 网址 = ""
    Me!txt 电话 = ""
    Me!txt 编号.SetFocus
End Sub
```

【思考】

如何实现学生信息录入？

任务 3　编程实现教师信息查询的功能。

在"教学管理"数据库中已有"教师"表，通过教师编号、姓名、性别、民族来进行教师数据的检索。

【提示】

操作步骤请参考本书配套教材的【例 8-23】。

模块八
数据库应用系统开发——科研管理系统

一、实验目的

1. 通过"科研管理系统"数据库应用系统的设计，熟练掌握 Access 各对象的操作技巧。
2. 掌握一个完整的数据库应用系统的设计方法。

二、实验内容

任务 1 创建一个空数据库，并以"科研管理系统"命名；在建立的数据库内建立"教师基本信息表""论文表"和"项目表"，各表结构分别如表 8-1～表 8-3 所示。建立表后设置 3 表之间的关系如图 8-1 所示。

特别说明：因为"科研管理系统"属于精简版本，故数据库中存在数据冗余的情况，如"所属部门"字段。

1. 教师基本信息表、论文表、项目表的结构。

表 8-1　　　　　　　　　　　　　教师基本信息表

字段名称	类型	字段大小	备注
教师科研号（主键）	文本	8	输入掩码：aaaaaaaa
姓名	文本	4	
性别	查阅向导	2	行来源类型：值列表；行来源："男""女"
所属部门	查阅向导	50	行来源类型：值列表 行来源：请参考"科研管理系统"数据库
出生日期	日期/时间	/	格式：短日期 有效性规则：>=#1949/1/1# And <=#2000/1/1# 有效性文本：您输入的时间有误，请重新输入！
年龄	数字	整型	有效性规则：>=18 And <=100 有效性文本：输入的年龄有误，请重新输入！
职称	查阅向导	4	行来源类型：值列表 行来源：请参考"科研管理系统"数据库
取得职称年份	数字	整型	有效性规则：>=1949 And <=2050 有效性文本：年份不符，请核对后重新输入！

续表

字段名称	类　型	字段大小	备　注
学历	查阅向导	6	行来源类型：值列表 行来源：请参考"科研管理系统"数据库
学位	查阅向导	6	行来源类型：值列表 行来源："博士""硕士""学士""其他"
照片	OLE 对象	/	
备注	备注	/	

说明：由于字段属性繁多，所以表 8-1 仅列出字段的数据类型及字段大小属性，其他属性请参考"科研管理系统"数据库。

表 8-2　　　　　　　　　论文表

字段名称	类　型	字段大小	备　注
序号（主键）	数字	整型	
教师科研号	文本	8	输入掩码：aaaaaaaa
所属部门	查阅向导	50	行来源类型：值列表 行来源：请参考"科研管理系统"数据库
姓名	文本	4	
排名	数字	整型	有效性规则：<=4
论文名称	文本	50	有效性规则：>=1949 And <=2050 有效性文本：年份不符合，请重新输入！
发表年度	数字	整型	
刊名	文本	30	
刊期	文本	8	输入掩码：0000\年 00\期
国际刊号	文本	9	输入掩码：0000/0000
国内刊号	文本	9	输入掩码：aa/aaaaaa
论文级别 1	查阅向导	50	行来源类型：值列表 行来源：请参考"科研管理系统"数据库
论文级别 2	查阅向导	50	行来源类型：值列表 行来源：请参考"科研管理系统"数据库
奖励金额 1	货币	/	格式：￥#,##0.00;￥-#,##0.00
奖励金额 2	货币	/	格式：￥#,##0.00;￥-#,##0.00
收录情况	查阅向导	50	行来源类型：值列表 行来源：请参考"科研管理系统"数据库
基金项目	文本	50	
备注（一）	备注	/	
备注（二）	备注	/	

表 8-3　　　　　　　　　　　　　项目表

字段名称	类型	字段大小	备　注
序号（主键）	文本	5	/
教师科研号	文本	8	输入掩码：aaaaaaaa
主持人	文本	50	/
所属部门	查阅向导	50	行来源类型：值列表 行来源：请参考"科研管理系统"数据库
项目名称	文本	50	/
研究年限	文本	9	输入掩码：0000/0000
项目编号	文本	50	
项目类别	文本	50	
项目级别	查阅向导	1	行来源类型：值列表 行来源："A""B""C""D""E""F""G"
下拨经费	货币	/	格式：￥#,##0.00;￥-#,##0.00
配套经费	货币	/	格式：￥#,##0.00;￥-#,##0.00
经费合计	货币	/	格式：￥#,##0.00;￥-#,##0.00
开支情况	文本	100	
目前状态	查阅向导	2	行来源类型：值列表 行来源："在研""完成"
完成时间	文本	7	输入掩码：0000/00
备注	备注	/	

【思考】

此数据库中存在哪些数据冗余？如何解决这些数据冗余的问题？

2．各表之间的关系如图 8-1 所示。

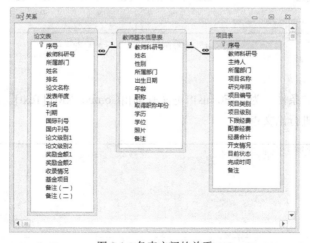

图 8-1　各表之间的关系

任务 2　分别创建图 8-2～图 8-7 所示的 6 个查询。

1．教师基本信息查询。

图 8-2　教师基本信息查询

2. 论文查询。

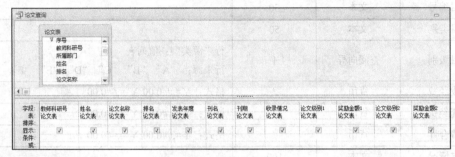

图 8-3　论文查询

3. 按教师姓名进行论文查询。

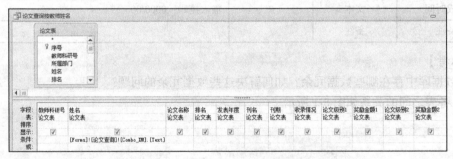

图 8-4　按教师姓名进行论文查询

【提示】

"姓名"字段的"条件"为"[Forms]![论文查询]![Combo_XM].[Text]"。

4. 按收录情况进行论文查询。

图 8-5　按收录情况进行论文查询

【提示】

"收录情况"字段的"条件"为"[Forms]![论文查询]![Combo_SLQK]"。

5. 项目查询。

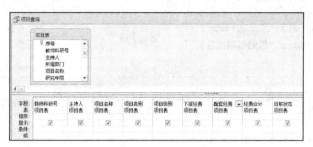

图 8-6 项目查询

6. 按教师姓名进行项目查询。

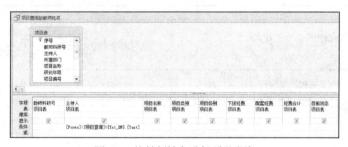

图 8-7 按教师姓名进行项目查询

【提示】

"主持人"字段的"条件"为"[Forms]![项目查询]![Txt_XM].[Text]"。

任务3 分别创建图8-8~图8-14所示的7个窗体。各窗体及其属性如表8-4~表8-9所示。

1. "湖南第一师范学院科研处数据库"主窗体。

图 8-8 "湖南第一师范学院科研处数据库"主窗体

表 8-4 　　　　　　　　　　主界面窗体中的主要控件及其属性

控 件 类 型	标 题	名 称
命令按钮	教师基本信息录入	Cmd_JSJBXXLR
	论文录入	Cmd_LWLR
	项目录入	Cmd_XMLR
	教师基本信息查询	Cmd_JSJBXXCX
	论文查询	Cmd_LWCX
	项目查询	Cmd_XMCX

说明:不参与程序编写的控件不列入此表,如窗体中红色(在软件环境中的颜色)字体显示的文字均为标签内容,图片通过图像控件插入。后同,除非特殊,否则不再对此类情况进行说明。

【提示】

事件代码如下。

```
Option Compare Database
--------------------------------------------------------------------------------
Private Sub Cmd_JSJBXXCX_Click()
    DoCmd.OpenForm "教师基本信息查询"
End Sub
--------------------------------------------------------------------------------
Private Sub Cmd_JSJBXXLR_Click()
    DoCmd.OpenForm "教师基本信息录入"
End Sub
--------------------------------------------------------------------------------
Private Sub Cmd_LWCX_Click()
    DoCmd.OpenForm "论文查询"
End Sub
--------------------------------------------------------------------------------
Private Sub Cmd_LWLR_Click()
    DoCmd.OpenForm "论文录入"
End Sub
--------------------------------------------------------------------------------
Private Sub Cmd_XMCX_Click()
    DoCmd.OpenForm "项目查询"
End Sub
--------------------------------------------------------------------------------
Private Sub Cmd_XMLR_Click()
    DoCmd.OpenForm "项目录入"
End Sub
```

2. "教师基本信息录入"窗体。

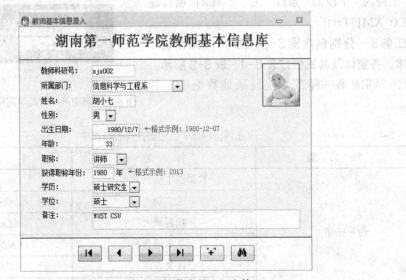

图 8-9 "教师基本信息录入"窗体

表 8-5 "教师基本信息录入"窗体中的主要控件及其属性

控 件 类 型	控 件 来 源	名 称
文本框	年龄	年龄
	出生日期	出生日期

【提示】

（1）此窗体的"记录源"为"教师基本信息表"，窗体中的各命令按钮可通过命令按钮向导方式插入。

（2）"年龄"字段的数值要求在"出生日期"字段录入之后自动生成，事件代码如下。

```
Option Compare Database
    ----------------------------------------------------------------------------
Private Sub 出生日期_AfterUpdate()
    年龄.SetFocus
    年龄.Value = Val(Year(Date) - Year([出生日期]))
End Sub
```

3．"论文录入"窗体。

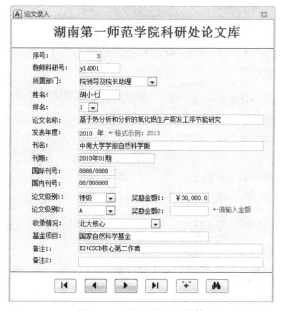

图 8-10 "论文录入"窗体

表 8-6 "论文录入"窗体中的主要控件及其属性

控 件 类 型	控 件 来 源	名 称
文本框	论文级别 1	lwjb1
	奖励金额 1	jlje1
标签	请输入金额（标题）	qsrje

【提示】

（1）此窗体的"记录源"为"论文表"，窗体中的各命令按钮可通过命令按钮向导方式插入。

（2）"奖励金额 1"字段的金额要求在"论文级别 1"字段选择之后自动生成，事件代码如下。

```
Option Compare Database
-----------------------------------------------------------------------
Private Sub lwjb1_AfterUpdate()
    jlje1.SetFocus
    If lwjb1 = "Nature" Or lwjb = "Science" Then
        jlje1 = 500000
        qsrje.Visible = False
    ElseIf lwjb1 = "SCI1 区" Then
        jlje1 = 30000
        qsrje.Visible = False
    ElseIf lwjb1 = "SCI2 区" Then
        jlje1 = 15000
        qsrje.Visible = False
    ElseIf lwjb1 = "SCI3 区" Then
        jlje1 = 10000
        qsrje.Visible = False
    ElseIf lwjb1 = "SCI4 区" Then
        jlje1 = 6000
        qsrje.Visible = False
    ElseIf lwjb1 = "SSCI" Or lwjb = "A&HCI" Then
        jlje1 = 8000
        qsrje.Visible = False
    ElseIf lwjb1 = "ISTP" Or lwjb = "ISSHP" Then
        jlje1 = 1000
        qsrje.Visible = False
    ElseIf lwjb1 = "特级" Then
        jlje1 = 30000
        qsrje.Visible = False
    ElseIf lwjb1 = "A" Then
        jlje1 = 8000
        qsrje.Visible = False
    ElseIf lwjb1 = "B" Then
        jlje1 = 4000
        qsrje.Visible = False
    ElseIf lwjb1 = "C" Then
        jlje1 = 1500
        qsrje.Visible = False
    ElseIf lwjb1 = "D" Then
        jlje1 = O
        qsrje.Visible = False
    ElseIf lwjb1 = "E" Then
        jlje1 = 0
        qsrje.Visible = False
    ElseIf lwjb1 = "F" Then
        jlje1 = 0
    ElseIf lwjb1 = "其他" Then
        jlje1 = 0
        qsrje.Visible = True
    End If
End Sub
```

4. "项目录入"窗体。

图 8-11　"项目录入"窗体

表 8-7　　　　　　　　　　"项目录入"窗体中的主要控件及其属性

控 件 类 型	控 件 来 源	名　称
文本框	下拨经费	xbjf
	配套经费	ptjf
	经费合计	jfhj
命令按钮	计算（标题）	Cmd_js

【提示】

（1）此窗体的"记录源"为"项目表"；除"计算"命令按钮外，窗体中的其他各命令按钮可通过命令按钮向导方式插入。

（2）单击"计算"命令按钮，要求计算出"下拨经费"和"配套经费"之和，事件代码如下。

```
Option Compare Database
    --------------------------------------------------------------------------------
Private Sub Cmd_js_Click()
    Me.jfhj = Me.xbjf + Me.ptjf
End Sub
```

5. "教师基本信息查询"窗体。

教师基本信息查询

教师科研号	姓名	性别	年龄	所属部门	职称	学历	学位
kyc001	李大大	男	33	科研处	教授	博士研究生	博士
xjx001	王大大	男	43	信息科学与工程系	教授	博士研究生	博士
xjx002	胡小七	男	33	信息科学与工程系	讲师	硕士研究生	硕士
yld001	彭小小	男	48	院领导及院长助理	教授	博士研究生	博士

记录: ◄ 第 1 项(共 4 项) ► ►| 　 无筛选器 　搜索

图 8-12　"教师基本信息查询"窗体

【提示】

此窗体的"记录源"为"教师基本信息查询"。

6. "论文查询"窗体。

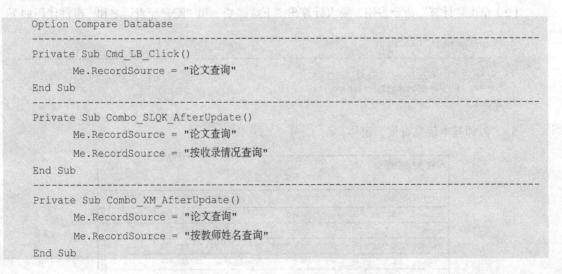

图 8-13 "论文查询"窗体

表 8-8 "论文查询"窗体中的主要控件及其属性

控 件 类 型	相 关 控 件	名 称
组合框	按教师姓名查询	Combo_XM
	按收录情况查询	Combo_SLQK
命令按钮	列表	Cmd_LB

【提示】

（1）此窗体的"记录源"根据选择做变化，窗体初始"记录源"为"论文查询"，当选择组合框中的教师姓名后，被设置为"按教师姓名查询"；当选择组合框中的收录情况后，被设置为"按收录情况查询"；当单击"列表"命令按钮时，"记录源"被重新设置为"论文查询"。

（2）事件代码如下。

```
Option Compare Database
------------------------------------------------------------------------------
Private Sub Cmd_LB_Click()
    Me.RecordSource = "论文查询"
End Sub
------------------------------------------------------------------------------
Private Sub Combo_SLQK_AfterUpdate()
    Me.RecordSource = "论文查询"
    Me.RecordSource = "按收录情况查询"
End Sub
------------------------------------------------------------------------------
Private Sub Combo_XM_AfterUpdate()
    Me.RecordSource = "论文查询"
    Me.RecordSource = "按教师姓名查询"
End Sub
```

7. "项目查询"窗体。

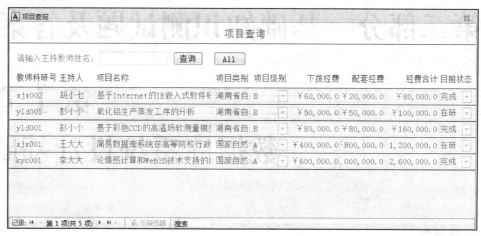

图 8-14 "项目查询"窗体

表 8-9   "项目查询"窗体中的主要控件及其属性

控 件 类 型	标 题	名 称
命令按钮	查询	Cmd_CX
	All	Cmd_All

【提示】

（1）此窗体的"记录源"根据输入做变化，窗体初始"记录源"为"项目查询"；当输入教师姓名且单击"查询"命令按钮后，被设置为"按教师姓名进行项目查询"；当单击"All"命令按钮时，"记录源"被重新设置为"项目查询"。

（2）事件代码如下。

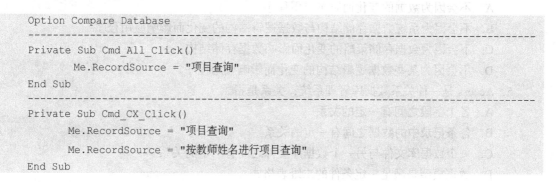

```
Option Compare Database
--------------------------------------------------------------------------
Private Sub Cmd_All_Click()
        Me.RecordSource = "项目查询"
End Sub
--------------------------------------------------------------------------
Private Sub Cmd_CX_Click()
        Me.RecordSource = "项目查询"
        Me.RecordSource = "按教师姓名进行项目查询"
End Sub
```

第二部分 基础知识测试题及答案

第1章
数据库系统设计基础

一、选择题

1. 按一定的组织结构存储在计算机存储设备上，并能为多个用户所共享的相关数据的集合称为（　　）。

    A. 数据库系统　　　　　　　　　　　B. 数据库管理系统

    C. 数据库　　　　　　　　　　　　　D. 数据结构

2. 数据库系统的核心是（　　）。

    A. 数据库管理系统　　　　　　　　　B. 数据模型

    C. 数据库　　　　　　　　　　　　　D. 数据库管理员

3. （　　）不是数据库系统的组成要素。

    A. 用户　　　　　B. 网络　　　　　C. 软件系统　　　　　D. 硬件平台

4. 数据库系统的独立性是指（　　）。

    A. 不会因为数据的变化而影响应用程序

    B. 不会因为系统数据存储结构与数据逻辑结构的变化而影响应用程序

    C. 不会因为数据存储策略的变化而影响数据存储结构

    D. 不会因为某些数据逻辑结构的变化而影响应用程序

5. Access 是一种关系数据库管理系统，关系是指（　　）。

    A. 各个字段之间有一定的关系

    B. 各条记录中的数据之间有一定的关系

    C. 一个数据库文件与另一个数据库文件之间有一定的关系

    D. 数据模型是满足一定条件的二维表格式

6. 数据库、数据库管理系统和数据库系统三者之间的关系是（　　）。

    A. 数据库包括数据库管理系统和数据库系统

    B. 数据库管理系统包括数据库和数据库系统

    C. 数据库系统包括数据库和数据库管理系统

    D. 数据库管理系统就是数据库，也是数据库系统

7. 下列关于数据库系统的叙述中，不正确的是（　　）。

    A. 数据库系统中的数据是有结构的　　　　B. 数据库系统减少了数据冗余

    C. 系统提供数据的安全性和完整性功能控制　D. 数据库系统避免了数据冗余

8. 数据库系统（DBS）、数据库管理系统（DBMS）和数据库（DB）三者之间的关系是（　　）。

    A. DBMS 包含 DB 和 DBS　　　　B. DB 包含 DBMS 和 DBS

    C. 三者无关　　　　　　　　　　D. DBS 包含 DB 和 DBMS

9. 数据库系统与文件系统的主要区别是（　　）。

    A. 数据库系统复杂，而文件系统简单

    B. 文件系统不能解决数据冗余和数据独立性的问题，而数据库系统可以解决

    C. 文件系统只能管理程序文件，而数据库系统能够管理各种类型的文件

    D. 文件系统管理的数据量少，而数据库系统可以管理庞大的数据量

10. 有关数据库系统的描述中，正确的是（　　）。

    A. 数据库系统避免了一切数据冗余

    B. 数据库系统减少了数据冗余

    C. 数据库系统比文件系统能管理更多的数据

    D. 数据库系统中数据的一致性是指数据类型的一致

11. 数据库的特点之一是数据的共享，严格地讲，这里的数据共享是指（　　）。

    A. 同一应用的多个程序共享一个数据集合

    B. 多个用户、同一语言共享

    C. 多个用户共享同一个数据文件

    D. 多种应用、多种语言、多个用户相互覆盖地使用数据集合

12. 数据库管理系统中能实现对数据库中的数据进行查询、插入、修改和删除，这类功能称为（　　）。

    A. 数据定义功能　　B. 数据管理功能　C. 数据操纵功能　　D. 数据控制功能

13. 最常用的一种基本数据模型是关系数据模型，其表示采用的是（　　）。

    A. 树　　　　　　　B. 网络　　　　　C. 图　　　　　　D. 二维表

14. 关系表中的每一横行称为（　　）。

    A. 元组　　　　　　B. 字段　　　　　C. 属性　　　　　D. 码

15. 下列说法中，不属于数据模型所描述的内容的是（　　）。

    A. 数据结构　　　　B. 数据操作　　　C. 数据查询　　　D. 数据约束

16. 在 E-R 图中，用来表示联系的图形是（　　）。

    A. 菱形　　　　　　B. 矩形　　　　　C. 椭圆形　　　　D. 三角形

17. 数据库系统中，数据模型有（　　）3 种。

    A. 大型、中型和小型　　　　　　B. 环状、链状和网状

    C. 层次、网状和关系　　　　　　D. 数据、图形和多媒体

18. 以下有关数据模式的类型，（　　）的提法是错误的。

    A. 模式　　　　　　B. 混合模式　　　C. 内模式　　　　D. 外模式

19. 三级模式间存在二级映射，它们是（　　）。

    A. 概念模式与子模式间、概念模式与内模式间

    B. 子模式与内模式间、外模式与内模式间

    C. 子模式与外模式间、概念模式与内模式间

    D. 概念模式与内模式间、外模式与内模式间

20. 下面几个有关"数据处理"的说法正确的是（   ）。

    A. 数据处理只是对数值进行科学计算

    B. 数据处理只是在出现计算机以后才有的

    C. 对数据进行汇集、传输、分组、排序、存储、检索、计算等都是数据处理

    D. 数据处理可有可无

21. 在数据的组织模型中，用树形结构来表示实体之间联系的模型称为（   ）。

    A. 层次模型   B. 网状模型

    C. 关系模型   D. 数据模型

22. 对于数据库而言，能支持它的各种操作的软件系统称为（   ）。

    A. 命令系统   B. 数据库系统

    C. 操作系统   D. 数据库管理系统

23. 数据库系统的应用使数据与程序之间的关系为（   ）。

    A. 较高的独立性   B. 更多的依赖性

    C. 数据与程序无关   D. 程序调用数据更方便

24. 数据处理经历了由低级到高级的发展过程，大致可分为 3 个阶段，现在处于（   ）阶段。

    A. 无管理   B. 文件系统   C. 数据库系统   D. 人工管理

25. 数据库系统具有（   ）特点。

    A. 数据的结构化   B. 较小的冗余度

    C. 较高程度的数据共享   D. 三者都有

26. 数据库管理系统（DBMS）是（   ）。

    A. 信息管理的应用软件   B. 数据库系统+应用程序

    C. 管理中的数据库   D. 管理数据库的软件工具

27. 数据库管理系统的核心部分是（   ）。

    A. 数据库的定义功能   B. 数据存储功能

    C. 数据库的运行管理   D. 数据库的建立和维护

28. 以下关于关系型数据库的描述，（   ）是正确的。

    A. 允许任何两个元组完全相同   B. 外键不是本关系的主键

    C. 主键不能是组合的   D. 不同的属性必须来自不同的域

29. 关系描述中，（   ）是错误的。

    A. 关系是二维表   B. 关系是动态的

    C. 关系模式也是动态的   D. 关系数据库用主键来唯一识别元组

30. 下面关于关系描述错误的是（   ）。

    A. 关系必须规范

    B. 关系数据库的二维表的元组个数是有限的

    C. 二维表中元组的次序可以任意交换

    D. 关系中允许有完全相同的元组

31. 在数据库管理技术发展的 3 个阶段中，数据共享最好的是（   ）。

    A. 人工管理阶段   B. 数据库系统阶段

    C. 文件系统阶段   D. 三个阶段相同

32. 关系数据库的任何检索操作都是由 3 种基本运算组合而成的，这 3 种基本运算不包括（   ）。

　　A．联接　　　　　　B．选择　　　　　　C．关系　　　　　　D．投影

33．设有表示学生选课的 3 张表，学生 S（学号，姓名，性别，年龄，身份证号）、课程 C（课号，课名）和选课 SC（学号，课号，成绩），则表 SC 的关键字（键或码）为（　　）。

　　A．课号，成绩　　　　　　　　　　　B．学号，成绩

　　C．学号，课号　　　　　　　　　　　D．学号，姓名，成绩

34．下列叙述中正确的是（　　）。

　　A．数据库系统是一个独立的系统，不需要操作系统的支持

　　B．数据库技术的根本目标是要解决数据的共享问题

　　C．数据库管理系统就是数据库系统

　　D．以上 3 种说法都不正确

35．下列说法正确的是（　　）。

　　A．为了建立一个关系，首先要构造数据的逻辑关系

　　B．表示关系的二维表中各元组的每一个分量还可以分成若干数据项

　　C．一个关系的关系名称以及属性名表称为关系模式

　　D．一个关系可以包括多个二维表

36．在数据库中，数据模型描述的是（　　）集合。

　　A．文件　　　　　　B．记录　　　　　　C．记录及其联系　　D．数据

37．在数据库系统中，数据的最小访问单位是（　　）。

　　A．字节　　　　　　B．表　　　　　　　C．记录　　　　　　D．字段

38．有以下 3 个关系 R、S 和 T，则 T 表示 R 和 S 的（　　）。

R	
B	C
a	0
b	1

S	
B	C
a	0
n	2

T	
B	C
a	0

　　A．交　　　　　　　B．并　　　　　　　C．自然联接　　　　D．笛卡尔积

39．已知某一数据库中有两个表，它们的主键和外键是一对多的关系，这两个表若想建立关系，应该建立的永久联系是（　　）。

　　A．一对多　　　　　B．多对多　　　　　C．一对一　　　　　D．多对一

40．对表进行水平方向的分割用的运算是（　　）。

　　A．连接　　　　　　B．求交　　　　　　C．选择　　　　　　D．投影

41．要从学生关系中查询性别和民族，需要进行的关系运算是（　　）。

　　A．选择　　　　　　B．连接　　　　　　C．投影　　　　　　D．求交

42．在高等院校中，一名任课教师可以讲授多门不同的课程，一门课程也可以由多名教师进行讲授，则任课教师与课程之间的联系是（　　）。

　　A．一对一联系　　　B．一对多联系　　　C．多对一联系　　　D．多对多联系

43．下列实体类型的联系中，属于多对多关系的是（　　）。

　　A．飞机的座位与乘客之间的联系　　　　B．学生与课程之间的联系

　　C．商品条形码与商品之间的联系　　　　D．车间与工人之间的联系

44．在同一单位中，部门和职员的关系是（　　）。

　　A．一对多　　　　B．多对多　　　　C．一对一　　　　D．多对一

45．一名教师可以同时借阅多本图书，而一本图书只能由一名教师借阅，教师和图书之间为（　　）的联系。

　　A．一对多　　　　B．多对多　　　　C．多对一　　　　D．一对一

46．在现实世界中，每个人都有自己的出生地，实体"出生地"与"人"之间联系是（　　）。

　　A．多对多联系　　B．一对多联系　　C．一对一联系　　D．无联系

47．一个实体集对应于关系模型中的一个（　　）。

　　A．元组　　　　　B．字段　　　　　C．关系　　　　　D．属性

48．在关系数据库中，关系就是一个由行和列构成的二维表，其中行对应（　　）。

　　A．属性　　　　　B．记录　　　　　C．关系　　　　　D．主键

49．在企业中，职工的"工资级别"与职工个人"工资"的联系是（　　）。

　　A．多对多联系　　B．一对多联系　　C．一对一联系　　D．无联系

50．在超市营业过程中，每个时段要安排一个班组上岗值班，每个收款口要配备两名收款员配合工作，共同使用一套收款设备为顾客服务。在超市数据库中，实体之间属于一对一关系的是（　　）。

　　A．"顾客"与"收款口"的关系　　　　B．"收款口"与"收银员"的关系

　　C．"班组"与"收款员"的关系　　　　D．"收款口"与设备的关系

51．数据库中有 A、B 两表，均有相同的字段 C，在两表中 C 字段都设为主键，当通过 C 字段建立两表关系时，则该关系为（　　）。

　　A．一对多　　　　B．一对一　　　　C．多对多　　　　D．不能建立关系

52．某宾馆有单人间和双人间两种客房：按照规定，每位入住宾馆的客人都要进行身份登记。宾馆数据库中有客房信息表（房间号，…）和客人信息表（身份证号，姓名，来源，…）；为了反映客人入住客房的情况，客房信息表和客人信息之间的联系应设计为（　　）。

　　A．多对多联系　　B．一对多联系　　C．一对一联系　　D．无联系

53．下列实体类型的关系中，属于多对多联系的是（　　）。

　　A．学生和课程之间的联系　　　　　B．学校和教师之间的联系

　　C．住院的病人与病床之间的关系　　D．职工和工资之间的关系

54．下列各种关系中，（　　）是一对多的关系。

　　A．正校长和副校长们　　　　　　　B．学生和课程

　　C．医生和患者　　　　　　　　　　D．产品和客件

55．现实世界中的事物个体在信息世界中称为（　　）。

　　A．实体　　　　　B．实体集　　　　C．字段　　　　　D．记录

56．用二维表来表示实体与实体之间关系的模型是（　　）。

　　A．层次模型　　　B．网状模型　　　C．关系模型　　　D．实体-联系模型

57．在关系运算中，选择运算的含义是（　　）。

　　A．在基本表中，选择满足条件的元组组成一个新的关系

　　B．在基本表中，选择需要的属性组成一个新的关系

　　C．在基本表中，选择满足条件的元组和属性组成一个新的关系

　　D．以上说法都正确

58．二维表的列对应（　　）。

   A. 主键　　　　　　B. 字段　　　　　　C. 记录　　　　　　D. 关系

59. 专门的关系运算中，投影运算是（　　　）。

   A. 在基本表中选择满足条件的记录组成一个新的关系

   B. 在基本表中选择需要的字段组成一个新的关系

   C. 在基本表中选择满足条件的记录和属性组成一个新的关系

   D. 上述说法都是正确的

60. 下列4种运算中，不是传统集合运算的是（　　　）。

   A. 并运算　　　　　B. 交运算　　　　　C. 差运算　　　　　D. 联接

61. 下列4种运算中，不是专门的关系运算的是（　　　）。

   A. 联接运算　　　　B. 选择运算　　　　C. 投影运算　　　　D. 并运算

62. 关系 R 与关系 S 的交运算是（　　　）。

   A. 由关系 R 和关系 S 的所有元组合并组成的集合，再删除重复的元组

   B. 由属于 R 而不属于 S 的所有元组组成的集合

   C. 由既属于 R 又属于 S 的元组组成的集合

   D. 由 R 和 S 中的元组连接组成的集合

63. 下列选项中，对数据库特征描述错误的是（　　　）。

   A. 数据具有独立性　　　　　　　　B. 消除了冗余

   C. 可共享　　　　　　　　　　　　D. 数据集中控制

64. 关系数据库管理系统所管理的关系是（　　　）。

   A. 若干个二维表　　　　　　　　　B. 一个二维表

   C. 一个数据库　　　　　　　　　　D. 若干个数据库文件

65. 在课程表中，如果找出学分为"2"的课程，所采用的关系运算是（　　　）。

   A. 投影　　　　　　B. 选择　　　　　　C. 自然联接　　　　D. 联接

66. 在教师表中要查找工龄小于10年且姓李的女教师，应采用的关系运算是（　　　）。

   A. 投影　　　　　　B. 选择　　　　　　C. 自然联接　　　　D. 联接

67. 关系 R 与关系 S 的并运算是（　　　）。

   A. 由既属于 R 又属于 S 的元组组成的集合

   B. 由属于 R 而不属于 S 的所有元组组成的集合

   C. 由关系 R 和关系 S 的所有元组合并组成的集合，再删除重复的元组

   D. 由 R 和 S 中的元组连接组成的集合

68. 有如下3个关系 R、S 和 T，则 T 表示 R 和 S 的（　　　）。

R	
A	B
m	4
n	3

S	
B	C
4	3
8	8

T		
A	B	C
m	4	3

   A. 笛卡尔积　　　　B. 自然联接　　　　C. 交　　　　　　　D. 并

69. 假设一个书店用（书号，书名，作者，出版社，出版日期，库存数量，…）一组属性来描述图书，可以作为"关键字"的是（　　　）。

   A. 书名　　　　　　B. 书号　　　　　　C. 作者　　　　　　D. 出版社

70. 单个用户使用的数据视图的描述称为（　　）。

    A. 外模式　　　　　　B. 概念模式　　　　C. 内模式　　　　　　D. 存储模式

71. 根据规范化理论，设计数据库可分为 4 个阶段，以下不属于这 4 个阶段的是（　　）。

    A. 需求分析　　　　　　　　　　　　　B. 逻辑结构设计

    C. 物理设计　　　　　　　　　　　　　D. 开发数据库应用系统

72. 在数据库设计中，将 E-R 图转换为关系数据模型的过程属于（　　）。

    A. 需求分析阶段　　B. 逻辑设计阶段　　C. 概念设计阶段　　D. 物理设计阶段

二、填空题

1. 数据管理经历了人工管理、文件系统、_____ 3 个阶段。

2. 数据是指_____。

3. 信息是数据的_____，是数据的_____。

4. 可以用一个等式来简单地表示信息、数据与数据处理的关系：_____。

5. 数据库管理系统的基本功能包括_____，数据存取功能，数据库的组织、存储和管理，数据库运行管理，数据库的建立和维护，通信功能和数据转换功能等。

6. 数据库系统由数据库、数据库管理系统及其开发工具、数据库应用系统、数据库管理人员和用户以及_____组成。

7. 数据库的三级模式为模式、_____ 和内模式，与之对应的是三级模式结构，即全局逻辑结构、_____ 和物理存储结构。

8. 数据库系统在三级模式中提供了两个层次的映像，即_____。正是这两级映像保证了数据库系统中的数据能够具有较高的逻辑独立性和物理独立性。

9. 数据模型由_____ 3 部分组成。

10. 数据模型按不同的应用层次分成 3 种类型：_____。

11. 客观存在并可相互区别的事物称为_____。

12. _____ 称为码。

13. 如果对于实体集 A 中的每一个实体，实体集 B 中都有 n 个（n≥0）实体与之联系，反之，对于实体集 B 中的每一个实体，实体集 A 中至多有一个实体与之联系，则称实体集 A 与实体集 B 具有_____，记为_____。

14. _____ 用来表示某实体的属性或者实体间联系的属性。

15. _____ 是数据库系统中最早出现的数据模型，采用树型结构来表示实体及实体间的联系的模型。

16. 关系模型以_____ 结构来表示实体以及实体之间的联系。

17. 一个关系就是_____。

18. 关系名及关系中的属性集合构成_____。

19. _____ 也叫主键，是唯一标识表中记录的字段或字段的组合。

20. 外部关键字也叫外键，用来与另一个关系进行联接的字段，且是另一个关系中的_____。

21. 每一个关系仅仅有一种记录类型，即一种_____。

22. 实体完整性规则是指_____。

23. 参照完整性规则是指_____。

24. 传统的集合运算包括并、交、差、_____。

25. 专门的关系运算包括选择、投影、_____、除等。

26. 在联接运算中，按照字段值对应相等为条件进行的联接操作为_____。自然联接是_____。

27. 数据模型不仅表示实物本身的数据，而且表示相关事物之间的_____。

28. 实体与实体之间的联系有 3 种，分别是一对一联系、一对多联系和_____联系。

29. 用二维表形式来表示实体之间联系的数据模型叫作_____。

30. 一个关系表的_____称为记录。

31. 在关系数据库的基本操作中，从表中取出满足条件的元组的操作称为_____；把两个关系中相同属性值的元组联接到一起形成新的二维表的操作称为_____；从表中抽取属性值满足条件列的操作称为_____。

32. 自然联接指的是去掉重复属性的_____。

33. 在关系数据库中，将数据表示为_____的形式，每一个二维表称为关系。

34. 如果表中一个字段不是本表的主关键字，而是另外一个表的主关键字或候选关键字，这个字段称为_____。

35. 在 E-R 图中，矩形表示_____。

36. 在关系运算中，要从关系模式中指定若干属性组成新的关系，该关系运算称为_____。

37. 数据库管理系统常见的数据模型有层次模型、网状模型和_____3 种。

38. 数据库设计分为以下 6 个设计阶段：_____。

39. 关系操作的特点是_____操作。

40. "教学管理"数据库中有学生表、课程表和成绩表，为了有效反映这 3 张表之间的联系，在创建数据库时应设置表_____。

41. 数据模型按不同应用层次分为 3 种类型，分别是概念数据模型、逻辑数据模型和_____。

42. 和文件系统相比，数据库系统的数据冗余度_____，数据共享性_____。

43. 用树形结构表示实体类型及实体间联系的数据模型称为_____。

44. 当数据的物理结构（存储结构）改变时，不影响数据库的逻辑结构，从而不致引起应用程序的变化，这是指数据的_____。

45. _____是在输入或删除记录时，为维持表之间已定义的关系而必须遵循的规则。

46. 数据库系统阶段的数据具有较高独立性，数据独立性包括_____和_____两个含义。

47. 数据库不仅包括事物的数据本身，还包括相关事物之间的_____。

48. 投影是从二维表_____的方向进行的运算。

49. 数据独立性分为逻辑独立性和物理独立性。当数据的存储结构发生改变时，其逻辑结构可以不变，因此，基于逻辑结构的应用程序不必修改，称为_____。

50. 关系模型的完整性规则是对关系的某种约束条件，包括实体完整性、_____和自定义完整性。

51. 关系型数据库管理系统中存储与管理数据的基本形式是_____。

52. 一个关系表的_____称为元组。

53. 数据管理技术发展过程经过人工管理、文件系统和数据库系统 3 个阶段，其中，数据独立性最高的阶段是_____阶段。

54. 三级模式中反映了用户对数据的要求的模式是_____。

55. 学生教学管理系统和图书管理系统都是以数据库管理系统为基础和核心的_____。

56. _____是数据库设计的核心。

第2章
Access 数据库系统及其创建与管理

一、选择题

1. Access 是（　　）办公软件套件中的一个重要组成部分。
    A．Excel   B．Office   C．Windows   D．Android

2. 关系数据库的基本操作是（　　）。
    A．增加、删除和修改   B．选择、投影和链接
    C．创建、打开和关闭   D．索引、查询和统计

3. Access 2010 数据库文件的扩展名为（　　）。
    A．db   B．mdb   C．xls   D．accdb

4. Access 2010 数据库的类型是（　　）。
    A．层次型   B．关系型   C．网状型   D．面向对象型

5. 数据库中用于存放数据的是（　　）对象。
    A．表   B．查询   C．窗体   D．报表

6. 以下不属于 Access 2010 数据库对象的是（　　）。
    A．表   B．文本   C．宏   D．报表

7. Access 2010 数据库中至少包含的对象是（　　）。
    A．表   B．查询   C．宏   D．报表

8. 在 Access 2010 中，打开不同数据库对象，窗口中将会有不同的操作区，该区域称为（　　）。
    A．命令选项卡   B．上下文命令选项卡
    C．导航窗格   D．工具栏

9. 在 Access 2010 中，主要通过（　　）选择、打开或操作数据库对象。
    A．命令选项卡   B．上下文命令选项卡
    C．导航窗格   D．工具栏

10. 在 Access 2010 中，组是由从属于该组的数据库对象的（　　）。
    A．快捷方式   B．名称组成
    C．列表组成   D．视图组成

二、填空题

1. 一个 Access 是＿＿＿＿办公套件中的一个重要组成部分，Access 2010 数据库文件的扩展名为＿＿＿＿。

2. Access 2010 数据库包含＿＿＿＿、＿＿＿＿、＿＿＿＿、报表、宏和模块等数据库对象。

3. 在 Access 2010 中，用户可以在＿＿＿＿设置条件或要求对数据库中特定数据信息进行

查找。

4．在 Access 2010 中，用户在数据库操作的过程中进行交互的对象是_____。

5．若需要将数据库中的数据的分析、处理结果通过打印机输出，在 Access 2010 中最合适的对象是_____。

6．Access 2010 数据库窗口由标题栏、_____和_____构成。

7．为了减少数据库在发生系统故障后所造成的损失，Access 2010 在维护数据安全措施中提供了_____。

8．数据库在使用一段时间后，若发现数据库迅速增大，则可以采用_____命令来预防或更正该错误。

9．拆分数据库后，_____的默认文件名将保留原始文件名，并在文件扩展名之前插入"_be"。

10．为了防止其他用户未经授权使用数据库，可以在 Access 2010_____选项卡下使用密码对文件进行加密。

第3章
数据库系统的表设计

一、选择题

1. 表的组成内容包括（　　）。

    A. 查询和字段   B. 报表和字段   C. 记录和窗体   D. 记录和字段

2. 下面关于表的叙述错误的是（　　）。

    A. 表是 Access 数据库中的重要对象之一

    B. 表设计视图的主要工作是设计表结构

    C. Access 数据库的各表之间毫无关系、各自独立

    D. 可以将 Excel 文件导入到数据库中

3. Access 字段名的最大长度是（　　）个字符。

    A. 32   B. 64   C. 128   D. 256

4. 在 Access 中，字段的命名规则是（　　）。

    A. 字段名长度为 1～64 个字符

    B. 字段名可以包含字母、汉字、数字、空格和其他字符

    C. 字段名不能包含中文的句号和方括号

    D. 以上都是

5. 如果字段内容为图像，则该字段的数据类型应该定义为（　　）。

    A. 文本   B. 数字   C. 超链接   D. OLE 对象

6. 在 Access 中，不能建立索引的数据类型是（　　）。

    A. 文本   B. 数字   C. 备注   D. 日期/时间

7. Ture/False 数据属于（　　）类型。

    A. 文本   B. 数字   C. 是/否   D. 备注

8. 如果有一个大小为 3KB 的文本要存入某一字段，则该字段的数据类型应该是（　　）。

    A. 文本   B. 数字   C. 备注   D. 计算

9. 在数据表视图中，不能（　　）。

    A. 修改字段名称   B. 修改字段类型

    C. 删除字段   D. 删除记录

10. 如果要在数据表中添加网址，则该字段的数据类型应该是（　　）。

    A. 超链接   B. 查阅向导   C. OLE 对象   D. 附件

11. 以下作为主关键字的字段是（　　）。

    A. 基本工资   B. 职称   C. 姓名   D. 教师编号

12. 在 Access 表中，可以定义 3 种关键字，它们是（ ）。
    A. 单字段、双字段、多字段　　　　　B. 单字段、双字段、自动编号
    C. 单字段、多字段、自动编号　　　　D. 双字段、多字段、自动编号

13. 在表设计视图中，若要限定数据的显示格式，应修改字段的（ ）属性。
    A. 字段大小　　　　B. 格式　　　　C. 数据掩码　　　　D. 默认值

14. 必须输入字母的输入掩码是（ ）。
    A. 0　　　　　　　B. #　　　　　　C. &　　　　　　D. L

15. 将所有字符转换为大写的输入掩码是（ ）。
    A. <　　　　　　　B. >　　　　　　C. \　　　　　　　D. /

16. 若"成绩"字段的取值范围是 0～100，则错误的有效性规则是（ ）。
    A. >=0 and <=100　　　　　　　　B. [成绩]>=0 and [成绩]<=100
    C. 成绩>=0 and 成绩<=100　　　　D. 0<=成绩<=100

17. 在 Access 中，为了保持表间关系，要求在相关表中添加记录时，若主表中没有与之相关的记录，则不允许添加记录。为此要定义的是（ ）。
    A. 输入掩码　　　B. 有效性规则　　　C. 默认值　　　D. 参照完整性

18. 下列关于字段属性叙述错误的是（ ）。
    A. 不同的字段类型，其属性不尽相同
    B. 有效性规则是用来限制该字段输入值的表达式
    C. 任何类型的字段都可以设置默认值属性
    D. 一个表只能设置一个主键

19. 下列叙述错误的是（ ）。
    A. 删除表间关系应该先关闭相关的表
    B. 在设计视图的"说明"列中可对字段进行说明
    C. 在 Access 数据表中可以对备注型字段进行"格式"属性的设置
    D. 若删除表中含有自动编号型字段的一条记录后，表中自动编号型字段不会重新编号

20. 在设计表时，索引属性有（ ）种值。
    A. 1　　　　　　B. 2　　　　　C. 3　　　　　D. 4

21. Access 数据库中的"一对多"是指（ ）。
    A. 一个字段可以有许多输入项　　B. 一个数据库可以有多个表
    C. 一个表可以有多个记录　　　　D. 一条记录可以与不同表中的多条记录相关

22. 下列关于表的设计叙述错误的是（ ）。
    A. 表中每一列数据的类型必须相同
    B. 表中每一字段必须是不可再分的数据单元
    C. 同一个表不能有相同的字段，也不能有相同的记录
    D. 表中的行、列次序不能任意交换，否则会影响存储的数据

23. 下列说法正确的是（ ）。
    A. 一个表只能建立一个索引　　　　B. 可以同时对表中的多个字段排序
    C. 已创建的表之间的关系不能删除　　D. 数据库中的每张表都必须有一个主键

24. 假设表 A 和表 B 建立了"一对多"关系，表 A 为"一方"，则下列叙述正确的是（ ）。
    A. 表 A 中的一条记录能与表 B 中的多条记录匹配

B．表 A 中的一个字段能与表 B 中的多个字段匹配

C．表 B 中的一条记录能与表 A 中的多条记录匹配

D．表 B 中的一个字段能与表 A 中的多个字段匹配

25．在 Access 中，将员工表中的"姓名"与工资标准表中的"姓名"建立关系，且两个表中的记录都是唯一的，则这两个表之间的关系是（   ）。

    A．一对一   B．一对多   C．多对一   D．多对多

26．下列选项中，不是设置表间关系时的选项是（   ）。

    A．实施参照完整性   B．级联追加相关记录

    C．级联更新相关字段   D．级联删除先关记录

27．在 Access 中，若不想显示表中某些字段，可以使用操作是（   ）。

    A．隐藏   B．删除   C．冻结   D．筛选

28．排序时若选取了多个字段，则输出结果是（   ）。

    A．按设定优先次序依次排序   B．按从右向左优先次序排序

    C．按从左向右优先次序排序   D．无法排序

29．对表进行筛选，结果是（   ）。

    A．只显示满足条件的记录，不满足的记录将被删除

    B．显示满足条件的记录，并将这些记录保存到另外的新表中

    C．只显示满足条件的记录，不满足的记录将被隐藏

    D．将满足条件的记录和不满足条件的记录分成两个表显示

30．在 Access 表中删除一条记录，被删除的记录（   ）。

    A．可以恢复到原来的位置   B．不能恢复

    C．被恢复为第一条记录   D．被恢复为最后一条记录

31．Access 数据库中最基础的对象是（   ）。

    A．表   B．宏   C．报表   D．查询

32．下列有关建立索引的说法正确的是（   ）。

    A．建立索引就是创建主键

    B．只能用一个字段创建索引，不可以用多个字段组合起来创建索引

    C．索引是对表中的字段数据进行物理排序

    D．索引可以加快对表中的数据进行查询的速度

33．定义表结构时不用定义的内容是（   ）。

    A．字段名   B．索引   C．数据内容   D．数据类型

34．定义字段的各种属性不包括的内容是（   ）。

    A．表名   B．输入掩码

    C．字段默认值   D．字段的有效性规则

35．在数据库中实际存储数据的唯一地址的对象是（   ）。

    A．表   B．查询   C．窗体   D．报表

36．关于主关键字的说法正确的是（   ）。

    A．作为主键的字段，其数据能够重复   B．在每一个表中，都必须设置主键

    C．主关键字是一个字段   D．主关键字段中不许有重复的数据或空值

37．不可以用"输入掩码"属性进行设置的字段的数据类型是（   ）。

A. 数字　　　　　　　B. 日期/时间　　　C. 文本　　　　　　D. 自动编号

38. 在数据表视图中，不可以（　　　）。

    A. 删除一条记录　　　　　　　　　　B. 删除一个字段

    C. 修改字段的类型　　　　　　　　　D. 修改字段的名称

39. 自动编号的字段，其字段大小可以是（　　　）。

    A. 字节　　　　　　　B. 整型　　　　　　C. 单精度　　　　　　D. 长整型

40. 在 Access 中，需要在主表修改记录数据时，其子表相关的记录随之自动更改。因此，需要定义参照完整性关系的（　　　）。

    A. 级联更新相关字段　　　　　　　　B. 级联删除相关字段

    C. 级联修改相关字段　　　　　　　　D. 级联插入相关字段

41. 在关系窗口中，双击两个表之间的连线，会出现（　　　）。

    A. 编辑关系对话框　　　　　　　　　B. 数据关系图窗口

    C. 连接线粗细变化　　　　　　　　　D. 数据表分析向导

42. 属于 Access 可以导入或链接数据源的是（　　　）。

    A. Access　　　　　B. ODBC 数据库　C. Excel　　　　　D. 以上都是

43. 有关建立索引的说法中不正确的是（　　　）。

    A. 可以快速地对数据表中的记录进行查找或排序

    B. 可以加快所有操作查询的执行速度

    C. 可以基于单个字段创建，也可以基于多个字段创建

    D. 可以对所有的数据类型建立索引

44. 下列不属于数据库的对象的是（　　　）。

    A. 向导　　　　　　　B. 表　　　　　　　C. 查询　　　　　　D. 窗体

45. 下列有关"关系"的叙述中正确的是（　　　）。

    A. 在创建一对多关系时，要求两个表的相关字段都是主关键字

    B. 具有多对多关系的两个表可以被合成一个表

    C. 不能在表与其自身之间创建关系

    D. 在创建一对一关系时，要求两个表的相关字段都是主关键字

46. 在 Access 数据库的表中可以定义"格式"属性的字段类型是（　　　）。

    A. 日期/时间，是/否，备注，数字　　B. 自动编号，文本，备注，OLE 对象

    C. 文本，货币，超链接，查阅向导　　D. 日期/时间，数字，OLE 对象，是/否

47. Access 数据库表中的字段可以定义有效性规则，有效性规则是（　　　）。

    A. 控制符　　　　　　　　　　　　　B. 条件

    C. 文本　　　　　　　　　　　　　　D. 以上说法都不正确

48. 不能设置默认值属性的字段类型是（　　　）。

    A. 文本　　　　　　　B. 货币　　　　　　C. 日期/时间　　　　D. 自动编号

49. 在两个表之间设定关系时，除设置必要的主关键字外，对其相关字段的要求，正确的是（　　　）。

    A. 名称可以不同　　　　　　　　　　B. 字段内容可以不同

    C. 数据类型可以不同　　　　　　　　D. 都是数字类型时，"字段大小"可以不相同

50. 参照完整性规则包括级联更新相关字段和级联删除相关字段。选择了"级联删除相关字

段"后，当删除主表中的记录时，（   ）。

    A．系统自动备份主表中被删除的记录到一个新表中

    B．若相关表中有相关记录，则不能删除主表中的记录

    C．会自动删除相关表中的相关记录

    D．不进行参照完整性检查，删除主表记录与相关表无关

51．如果要对某文本型字段设置数据格式，使其对输入的数值进行控制，应设置该字段的
（   ）。

    A．标题属性   B．格式属性   C．输入掩码属性   D．字段大小属性

52．下列选项中，（   ）是实体完整性的要求。

    A．数据的取值必须与字段相吻合

    B．字段的取值不能超出约定的范围

    C．主键的取值不能为 Null

    D．设置字段默认值

53．下列数据类型能够进行排序的是（   ）。

    A．数字数据类型   B．超链接数据类型

    C．OLE 对象数据类型   D．备注数据类型

54．在 Access 中，表和数据库的关系是（   ）。

    A．一个表仅能包含两个数据库   B．一个数据库仅包含一张表

    C．一个表可以包含多个数据库   D．一个数据库可以包含多张表

55．在数据库中，建立索引的主要作用是（   ）。

    A．节省存储空间   B．提高查询速度

    C．便于管理   D．防止数据丢失

56．在 Access 数据库中，表就是（   ）。

    A．查询   B．数据库   C．记录   D．关系

57．某文本型字段的值只能为字母，不允许超过 6 个，则可将该字段的输入掩码属性定义为
（   ）。

    A．AAAAAA   B．LLLLLL   C．CCCCCC   D．999999

二、填空题

1．表的组成包括_____和_____。

2．Access 表结构设计窗口上半部分设计器由_____、_____和_____ 3列组成。

3．文本型字段最多可以存放_____个字符。

4．若"学生"表中有"奖学金"字段，其数据类型可以是数字型或_____。

5．数字型字段有_____、_____、_____、_____、_____、_____ 6
种可选择的类型。

6．"学生"表中"性别"字段可以是文本型也可以是_____。

7．"学生"表中"简历"字段应该是_____。

8．文本型字段可以用于保存_____，数字型字段只能保存_____。

9．字段的"小数位数"属性是指数字型和货币型数据的小数部分的位数，它只影响数据
的_____，并不影响所存储数据的_____。

10．若某字段的数据类型为文本型，字段大小为5，则该字段最多可输入_____个汉字。

11．标题属性用于设置指定字段的显示名称，若没有为字段设置标题，就显示相应的_____。

12．_____的作用是规定输入到字段中的数据的范围，_____的作用是当输入的数据不在规定范围时显示的提示信息。

13．_____的作用是规定数据的输入格式，提高数据输入的正确性。

14．若"学生"表的学号由 11 位数字组成，其中不能包含空格，则"学号"字段正确的输入掩码是_____。

15．默认值属性用于_____。

16．必填字段属性用于_____。

17．能够唯一标识表中每条记录的字段称为_____。

18．索引字段有_____、_____和_____3 种类型。

19．一个表中最多可以建立_____个主键，可以建立_____索引。

20．筛选记录是指_____。

第4章
数据库系统的查询设计

一、选择题

1. 利用对话框提示用户输入查询条件，这样的查询属于（　　）。

　　A．选择查询　　　　B．参数查询　　　　C．操作查询　　　　D．SQL 查询

2. 在一个 Access 的表中有字段"专业"，要查找包含"信息"两个字的记录，正确的条件表达式是（　　）。

　　A．left([专业],2)="信息"　　　　　　B．like "*信息*"

　　C．="信息*"　　　　　　　　　　　D．Mid([专业],1,2)="信息"

3. 下列 SQL 查询语句中，与下面查询设计视图所示的查询结果等价的是（　　）。

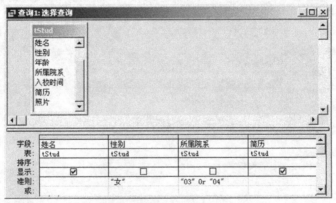

　　A．SELECT 姓名,性别,所属院系,简历 FROM　tStud
　　　　WHERE 性别="女"　 AND　所属院系 IN("03","04")

　　B．SELECT 姓名,简历 FROM　tStud
　　　　WHERE 性别="女"　 AND　所属院系 IN("03","04")

　　C．SELECT 姓名,性别,所属院系,简历 FROM　tStud
　　　　WHERE 性别="女" AND　 所属院系="03"　 OR　 所属院系="04"

　　D．SELECT 姓名,简历 FROM　tStud
　　　　WHERE 性别="女" AND　 所属院系="03"　 OR 所属院系="04"

4. 在下列查询语句中，与 Select TAB1.* From　TAB1　Where　InStr([简历],"篮球")<> 0 功能相同的语句是（　　）。

　　A．Select　TABl.*　From　TABl　Where　TABl.简历　Like "篮球"

　　B．Select　TABl.*　From　TABl　Where　TABl.简历　Like "*篮球"

  C．Select　TABl.*　From　TABl　Where　TABl.简历　Like "*篮球*"

  D．Select　TABl.*　From　TABl　Where　TABl.简历　Like "篮球*"

5．在书写查询准则时，日期型数据应该使用适当的分隔符括起来，正确的分隔符是（ ）。

  A．*   B．%   C．&   D．#

6．条件"Not 工资额＞2000"的含义是（ ）。

  A．选择工资额大于 2000 的记录

  B．选择工资额小于 2000 的记录

  C．选择除了工资额大于 2000 之外的记录

  D．选择除了字段工资额之外，大于 2000 的记录

7．假设有一组数据：工资为 800 元，职称为"讲师"，性别为"男"，在下列逻辑表达式中结果为"假"的是（ ）。

  A．工资>800　AND　职称="助教"　OR　职称="讲师"

  B．性别="女"　OR　NOT　职称="助教"

  C．工资＝800　AND　（职称="讲师"　OR　性别="女"）

  D．工资＞800　AND　（职称="讲师"　OR　性别="男"）

8．在建立查询时，若要筛选出图书编号是"T01"或"T02"的记录，可以在查询设计视图准则行中输入（ ）。

  A．"T01" or "T02"   B．"T01" and "T02"

  C．in("T01" and "T02")   D．not in("T01" and "T02")

9．在成绩中要查找成绩≥80 且成绩≤90 的学生，正确的条件表达式是（ ）。

  A．成绩 Between 80 And 90   B．成绩 Between 80 To 90

  C．成绩 Between 79 And 91   D．成绩 Between 79 To 91

10．查询"书名"字段中包含"等级考试"字样的记录，应该使用的条件是（ ）。

  A．Like "等级考试"   B．Like "*等级考试"

  C．Like "等级考试*"   D．Like "*等级考试*"

11．下列关于空值的叙述中，正确的是（ ）。

  A．空值是双引号中间没有空格的值

  B．空值是等于 0 的数值

  C．空值是使用 Null 或空白来表示字段的值

  D．空值是用空格表示的值

12．已知"借阅"表中有"借阅编号""学号"和"借阅图书编号"等字段，每名学生每借阅一本书生成一条记录，要求按学生学号统计出每名学生的借阅次数，下列 SQL 语句中，正确的是（ ）。

  A．Select 学号,Count(学号) from 借阅

  B．Select 学号,Count(学号) from 借阅 Group By 学号

  C．Select 学号,Sum(学号) from 借阅

  D．Select 学号,Sum(学号) from 借阅 Order By 学号

13．在查询中要统计记录的个数，使用的函数是（ ）。

  A．COUNT(列名)   B．SUM

  C．COUNT(*)   D．AVG

14. 现有某查询设计视图（如下图所示），该查询要查找的是（　　）。

字段:	学号	姓名	性别	出生年月	身高	体重
表:	体检首页	体检首页	体检首页	体检首页	体质测量表	体质测量表
排序:						
显示:	☑	☑	☑	☑	☑	☑
条件:			"女"		>=160	
或:			"男"			

A. 身高在 160cm 以上的女性和所有的男性

B. 身高在 160cm 以上的男性和所有的女性

C. 身高在 160cm 以上的所有人或男性

D. 身高在 160cm 以上的所有人

15. 在显示查询结果时，如果要将数据表中的"籍贯"字段名显示为"出生地"，可在查询设计视图中改动（　　）。

A. 排序 　　　　　B. 字段 　　　　　C. 条件 　　　　　D. 显示

16. 在学生借书数据库中，已有"学生"表和"借阅"表，其中"学生"表含有"学号"和"姓名"等信息，"借阅"表含有"借阅编号"和"学号"等信息。若要找出没有借过书的学生记录，并显示其"学号"和"姓名"，则正确的查询设计是（　　）。

A.

B.

C.

D.
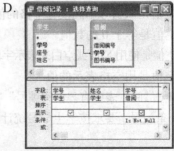

17. 在 Access 数据库中使用向导创建查询，其数据可以来自（　　）。

A. 多个表 　　　　　　　　　　B. 一个表

C. 一个表的一部分 　　　　　　D. 表或查询

18. 若查询的设计如下，则查询的功能是（　　）。

A．设计尚未完成，无法进行统计

B．统计班级信息仅含 Null（空）值的记录个数

C．统计班级信息不包括 Null（空）值的记录个数

D．统计班级信息包括 Null（空）值的全部记录个数

19．在 Access 中已建立了"工资"表，表中包括"职工号""所在单位""基本工资"和"应发工资"等字段，如果要按单位统计应发工资总数，那么在查询设计视图的"所在单位"的"总计"行和"应发工资"的"总计"行中应分别选择的是（　　）。

    A．sum，group by　　　　　　　　B．count，group by

    C．group by，sum　　　　　　　　D．group by，count

20．在 Access 中已建立了"学生"表，表中有"学号""姓名""性别"和"入学成绩"等字段。执行如下 SQL 命令：

```
Select 性别,avg(入学成绩)  From 学生 Group by 性别
```

其结果是（　　）。

    A．计算并显示所有学生的性别和入学成绩的平均值

    B．按性别分组计算并显示性别和入学成绩的平均值

    C．计算并显示所有学生的入学成绩的平均值

    D．按性别分组计算显示所有学生的入学成绩的平均值

21．在创建交叉表查询时，列标题字段的值显示在交叉表的位置是（　　）。

    A．第一行　　　　　　　　　　　B．第一列

    C．上面若干行　　　　　　　　　D．左面若干列

22．创建参数查询时，在查询设计视图准则行中应将参数提示文本放置在（　　）。

    A．{}中　　　　　B．()中　　　　　C．[]中　　　　　D．<>中

23．如果在数据库中已有同名的表，要通过查询覆盖原来的表，应该使用的查询类型是（　　）。

    A．删除　　　　　B．追加　　　　　C．生成表　　　　D．更新

24．将表 A 的记录添加到表 B 中，要求保持表 B 中原有的记录，可以使用的查询是（　　）。

    A．选择查询　　　B．生成表查询　　C．追加查询　　　D．更新查询

25．SQL 语句不能创建的是（　　）。

    A．报表　　　　　　　　　　　　B．操作查询

    C．选择查询　　　　　　　　　　D．数据定义查询

26．在一个表中存有学生姓名、性别、班级和成绩等数据，若想统计各个班各个分数段的人数，最好的查询方式是（　　）。

    A．选择查询　　　　B．交叉表查询　　C．参数查询　　　　D．操作查询

27．在 Access 数据库中，带条件的查询需要通过准则来实现。下面不属于准则中的元素是（　　）。

    A．字段名　　　　　B．函数　　　　　C．常量　　　　　　D．SQL 语句

28．下图是使用查询设计视图完成的查询，与该查询等价的 SQL 语句是（　　）。

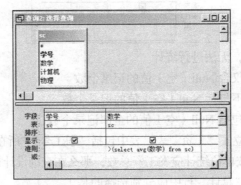

    A．select 学号,数学 from sc where 数学>(select avg(数学) from sc)

    B．select 学号 where 数学>(select avg(数学) from sc)

    C．select 数学,avg(数学) from sc

    D．select 数学>(select avg(数学) from sc)

29．建立一个基于"学生"表的查询，要查找"出生日期"（数据类型为日期/时间型）在 1990-06-06 和 1990-07-06 间的学生，在"出生日期"对应列的"条件"行中应输入的表达式是（　　）。

    A．between 1990-06-06 and 1990-07-06　　B．between #1990-06-06# and #1990-07-06#

    C．between 1990-06-06 or 1990-07-06　　D．between #1990-06-06# or #1990-07-06#

30．下图所示的查询返回的记录是（　　）。

    A．不包含 80 分和 90 分　　　　　　　B．不包含 80~90 分数段

    C．包含 80~90 分数段　　　　　　　　D．所有的记录

二、填空题

1．查询的 3 种视图分别是 SQL 视图、_____视图和_____视图。

2．在 Access 中，创建和修改查询最方便的方法是使用_____。

3. 创建交叉表查询，必须对行标题和_____进行分组操作。

4. 创建交叉表查询，在"交叉表"行上有且只有一个的是_____和_____。

5. 参数查询的参数用方括号括起来，输入到对应字段的_____行。

6. 查询的"条件"项上，同一行的条件之间是_____的关系，不同行的条件之间是_____的关系。

7. 在 Access 中，_____查询的运行一定会导致数据表中的数据发生变化。

8. 在创建查询时，有些实际需要的内容在数据源的字段中并不存在，但可以通过在查询中增加_____完成。

9. 将 1999 年以前参加工作的教师的职称全部改为"副教授"，适合使用_____查询。

10. 查询建好后，要通过_____来获得查询结果。

11. 在 Access 中，要在查找条件中与任意一个数字字符匹配，可以使用的通配符是_____。

12. 在学生成绩表中，如果需要根据输入的学生姓名查找学生的成绩，需要使用_____查询。

13. 内部计算函数_____是求所在字段内所有值的最小值。

14. 使用查询向导创建交叉表查询的数据源必须来自_____个表或查询。

15. 查询设计好后，有多种方式可以观察查询结果，例如，可以进入_____视图模式，或者单击_____按钮。

16. 如果经常定期性地执行某个查询，但每次只是改变其中的一组条件，那么就可以考虑使用_____查询。

17. 操作查询共有 4 种类型，分别是删除查询、_____、_____和_____。

18. 在数据库系统中，SQL 的全称是_____。

19. 标准的 SQL 语言包括_____、_____、_____和_____ 4 部分内容。

20. SELECT 语句中用于返回查询的非重复记录的关键字是_____。

21. SELECT 语句中使用_____子句对查询的结果进行排序。

22. SELECT 语句中使用_____子句实现选择查询。

23. SELECT 语句中使用_____子句实现分组查询。

24. 用"参加工作日期"字段表示职工参加工作的日期，如要查找最近 20 天内参加工作的职工记录，查询条件为_____。

第5章
数据库系统的窗体设计

一、选择题

1. 在 Access 中，可用于设计输入界面的对象是（　　）。

    A. 窗体　　　　　　B. 报表　　　　　　C. 查询　　　　　　D. 表

2. 在学生表中使用"照片"字段存放照片，当使用向导为该表创建窗体时，照片字段使用的默认控件是（　　）。

    A. 图形　　　　　　B. 图像　　　　　　C. 绑定对象框　　　D. 未绑定对象框

3. 用表达式作为数据库源的控件类型是（　　）。

    A. 结合型　　　　　B. 非结合型　　　　C. 绑定型　　　　　D. 计算型

4. 以下描述正确的是（　　）。

    A. 窗体中的数据被修改时，窗体数据源是"表"，数据才会随之改变

    B. 窗体中的数据被修改时，窗体数据源对应的表中的数据会随之改变

    C. 当窗体关闭后，所有通过窗体改变的数据才会存入数据表中

    D. 窗体中的数据被修改时，窗体数据源是"查询"的，数据不会随之改变

5. 在窗体设计工具箱中，代表组合框的图标是（　　）。

    A. ⊙　　　　　　　B. ☑　　　　　　　C. ⌐　　　　　　　D. 🗔

6. 当要利用"窗体设计"按钮新建一个窗体而打开窗体设计视图时，默认设置的节是（　　）。

    A. 窗体页眉　　　　B. 页面页眉　　　　C. 窗体主体　　　　D. 窗体页脚

7. 以下选项中不能作为绑定型控件的是（　　）。

    A. 标签　　　　　　B. 组合框　　　　　C. 文本框　　　　　D. 列表框

8. 下列不属于 Access 窗体的视图是（　　）。

    A. 窗体视图　　　　B. 布局视图　　　　C. 版面视图　　　　D. 设计视图

9. 在 Access 中，用于输入或编辑字段数据的交互控件是（　　）。

    A. 标签　　　　　　B. 文本框　　　　　C. 复选框　　　　　D. 单选按钮

10. 要改变文本框控件的数据源，应设置的属性是（　　）。

    A. 控件来源　　　　B. 记录源　　　　　C. 默认值　　　　　D. 筛选条件

11. 在主/子窗体中，子窗体可以显示的形式是（　　）。

    A. 单一窗体　　　　B. 连续窗体　　　　C. 数据表窗体　　　D. 以上均可

12. 在 Access 数据库中，若要求在窗体上设置输入的数据是取自某一个表或查询中记录的数据，或者取自某固定内容的数据，可以使用的控件是（　　）。

    A. 选项组控件　　　　　　　　　　　B. 列表框或组合框控件

　　　C．文本框控件　　　　　　　　　　　D．复选框、切换按钮、选项按钮控件

13．能够接受数值型数据输入的窗体控件是（　　　）。

　　　A．文本框　　　　　　B．图形　　　　　C．标签　　　　　　D．复选框

14．要使窗体视图中没有记录选定器，应将窗体的"记录选定器"属性值设置为（　　　）。

　　　A．有　　　　　　　　B．无　　　　　　C．是　　　　　　　D．否

15．要显示格式为"页码/总页数"的页码，应设置文本框控件的控件来源属性为（　　　）。

　　　A．[Page]/[Pages]　　　　　　　　　　B．=[Page]/[Pages]

　　　C．[Page&"/"&[Pages]　　　　　　　　D．=[Page]&"/"&[Pages]

16．为窗体中命令按钮设置单击鼠标时发生的动作，应选择设置其属性对话框的（　　　）。

　　　A．格式选项卡　　　B．事件选项卡　　　C．数据选项卡　　　D．方法选项卡

17．在窗体中，用来输入或编辑字段数据并能接受数值型数据输入的交互控件是（　　　）。

　　　A．文本框控件　　　B．标签控件　　　C．复选框控件　　　D．列表框控件

18．在教师信息输入窗体中，要为职称字段提供"教授""副教授"和"讲师"等选项供用户直接选择，应使用的控件是（　　　）。

　　　A．标签　　　　　　B．复选框　　　　　C．文本框　　　　　D．组合框

19．若在"销售总数"窗体中有"订货总数"文本框控件，能够正确引用控件值的是（　　　）。

　　　A．Forms.[销售总数].[订货总数]　　　B．Forms! [销售总数].[订货总数]

　　　C．Forms.[销售总数]! [订货总数]　　　D．Forms! [销售总数]! [订货总数]

20．窗体是由不同种类的对象组成的，每一个对象都有自己独特的（　　　）窗口。

　　　A．字段　　　　　　B．属性　　　　　　C．节　　　　　　　D．工具栏

21．下列不是建立"主/子窗体"的方式是（　　　）。

　　　A．多窗体向导　　　　　　　　　　　　B．窗体向导

　　　C．鼠标拖动　　　　　　　　　　　　　D．通过"子窗体/子报表"控件

22．想要汇总或平均数字型的数据，应该使用（　　　）。

　　　A．绑定　　　　　　B．计算　　　　　　C．汇总　　　　　　D．平均

23．窗体的"最大/最小化按钮"属性值用于设定窗体控制按钮的显示和使用，下列不属于"最大/最小化按钮"属性值的是（　　　）。

　　　A．无　　　　　　　B．两者都有　　　　C．最大化按钮　　　D．只有最小化按钮

24．要改变窗体上文本框控件的输出内容，应设置的属性是（　　　）。

　　　A．标题　　　　　　B．查询条件　　　　C．控件来源　　　　D．记录源

25．下面关于列表框和组合框叙述正确的是（　　　）。

　　　A．列表框和组合框都可以一行显示多行数据

　　　B．可以在列表框中输入新值，而组合框不能

　　　C．列表框和组合框均可以输入新值

　　　D．可以在组合框中输入新值，而列表框不能

26．下面关于窗体的作用叙述错误的是（　　　）。

　　　A．可以接收用户输入的数据或命令　　　B．可以编辑、显示数据库中的数据

　　　C．可以构造方便、美观的输入/输出界面　D．可以直接存储数据

27．在计算控件中，每个表达式前都要加上（　　　）。

　　　A．"，"　　　　　　B．"！"　　　　　　C．"＝"　　　　　　D．"Like"

28. 如果在文本框内输入数据后，按【Enter】键或【Tab】键，输入焦点可立即移至下一指定文本框，应设置（   ）。

    A. "制表位" 属性   B. "【Tab】键索引" 属性

    C. "自动【Tab】键" 属性   D. "【Enter】键行为" 属性

29. 可以连接数据源中 OLE 类型的字段是（   ）。

    A. 非绑定对象框   B. 绑定对象框

    C. 文本框   D. 图像控件

30. 新建一个窗体，默认的标题是 "窗体 0"，为把窗体标题改为 "输入数据"，应设置窗体的（   ）。

    A. "名称" 属性   B. "标题" 属性

    C. "菜单栏" 属性   D. "工具栏" 属性

31. "特殊效果" 属性可设置控件的显示特效，以下不属于 "特殊效果" 属性值的是（   ）。

    A. "凹陷"   B. "颜色"   C. "阴影"   D. "凿痕"

32. 在窗体设计视图中，以下说法错误的是（   ）。

    A. 拖动窗体上的控件，可以改变该控件在窗体上的位置

    B. 拖动窗体上的控件，可以改变该控件的大小

    C. 通过设置窗体上的控件的属性，可以改变该控件的大小和位置

    D. 窗体上的控件一旦建立，其位置和大小均不能改变

33. 既可以直接输入文字，又可以从表中选择选项的控件是（   ）。

    A. 选项组   B. 文本框   C. 组合框   D. 列表框

34. 在 "窗体视图" 显示窗体时，对所有记录都显示信息应放在（   ）。

    A. 窗体页眉   B. 页面页眉   C. 主体   D. 页面页脚

35. 如果要显示出具有一对多关系的两个表中的数据，可以使用的窗体是（   ）。

    A. 数据表窗体   B. 纵栏式窗体

    C. 表格式窗体   D. 主/子窗体

36. 为窗体上的控件设置【Tab】键的顺序，应选择属性表中的（   ）。

    A. "格式" 选项卡   B. "其他" 选项卡

    C. "时间" 选项卡   D. "数据" 选项卡

37. 下面不是窗体的 "数据" 属性的是（   ）。

    A. 允许添加   B. 排序依据   C. 记录源   D. 自动居中

38. 窗体是 Access 数据库中的一个对象，通过窗体用户可以完成下列哪些功能？（   ）

    ①输入数据   ②编辑数据   ③存储数据   ④以行、列形式显示数据

    ⑤显示和查询表中的数据   ⑥导出数据

    A. ①②③   B. ①②④   C. ①②⑤   D. ①②⑥

39. Access 窗体中的文本框控件分为（   ）。

    A. 计算型和非计算型   B. 绑定型和非绑定型

    C. 控制型和非控制型   D. 记录性和非记录型

40. 若要求在文本框中输入白文本实现星号 "*" 的显示效果，则应设置的属性是（   ）。

    A. "默认值" 属性   B. "标题" 属性

    C. "密码" 属性   D. "输入掩码" 属性

41．下面关于窗体的说法正确的是（   ）。

    A．窗体只能用于在数据库中输入数据的数据库对象

    B．窗体只能用于在数据库中显示数据的数据库对象

    C．窗体可以用作切换面板来打开其他窗体

    D．窗体不可以用作自定义对话框来接受用户输入

42．可以作为窗体记录源的是（   ）。

    A．表   B．查询

    C．Select 语句   D．表、查询或 select 语句

43．在 Access 中已建立了"学生"表，其中有可以存放简历的字段，在使用向导为该表创建窗体时，"简历"字段所使用的默认控件是（   ）。

    A．非绑定对象框   B．绑定对象框   C．图像框   D．列表框

44．下列控件中，用来显示窗体或其他控件的说明文字，而与字段没有关系的是（   ）。

    A．命令按钮   B．标签   C．文本框   D．复选框

45．下列窗体中不可以自动创建的是（   ）。

    A．纵栏式窗体   B．数据访问表窗体

    C．图表窗体   D．主/子窗体

46．下列说法正确的是（   ）。

    A．绑定型文本框一般用来显示提示信息

    B．非绑定型文本框一般用来接受用户输入的数据等

    C．非绑定型文本框能从表、查询或 SQL 中获得所需内容

    D．在计算型文本框中，当表达式发生改变时，数值不会重新计算

47．在计算机控件中，每个表达式前都要加上（   ）。

    A．"!"   B．"="   C．","   D．"Like"

48．Access 的窗体由多个部分组成，每个部分称为一个（   ）。

    A．控件   B．节   C．子窗体   D．页

49．当窗体中的内容太多无法放在一页中全部显示时，可以用下列哪个控件来分页？（   ）。

    A．选项卡   B．命令按钮   C．组合框   D．选项组

50．属于交互式控件的是（   ）。

    A．文本框控件   B．标签控件   C．命令按钮控件   D．图像控件

51．下列不属于窗体类型的是（   ）。

    A．纵栏式窗体   B．表格式窗体   C．开放式窗体   D．数据表窗体

52．既可以直接输入文字，又可以从列表中选择输入项的控件是（   ）。

    A．选项框   B．文本框   C．列表框   D．组合框

53．不是窗体组成部分的是（   ）。

    A．窗体页眉   B．窗体页脚   C．主体   D．窗体设计器

54．下列选项中叙述正确的是（   ）。

    A．如果选项组结合某个字段，则只有组框架本身结合此字段，而不是组框架的复选框、选项按钮或切换按钮

    B．选项组可以设置为表达式或非结合选项组，也可以在自定义对话框中使用非结合选项组来接受用户的输入，但不能根据输入的内容来执行相应的操作

    C．选项组是由一个组框、一个复选框、选项按钮或切换按钮和关闭按钮组成

    D．以上说法均错误

55．下列不是窗体控件的是（   ）。

    A．表   B．标签   C．文本框   D．组合框

56．下列不是窗体文本框控件的格式属性选项的是（   ）。

    A．标题   B．可见性   C．前景颜色   D．背景颜色

57．在设计视图中设置如下图所示窗体的"格式"属性，正确的设置是（   ）。

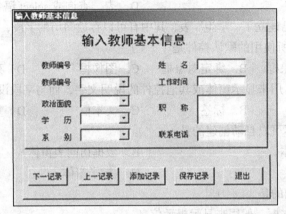

A.    B.

C.    D.

58．下列不是文本框的"事件"属性的是（   ）。

    A．更新前   B．退出   C．加载   D．单击

二、填空题

1．控件的类型可以分为绑定型、未绑定型与计算型。绑定型控件主要用于显示、输入、更新数据表中的字段；未绑定型控件没有数据源，可以用来显示信息、线条、矩形或图像；计算型控件用_____表达式作为数据源。

2．Access 数据库中，如果在窗体上输入的数据总是取自表或查询中的字段数据，或者取自

某固定内容的数据，则可以使用_____控件来完成。

3. 计算型控件的控件来源属性一般设置为_____开头的计算表达式。

4. 若要在窗体上显示格式为 "4 / 总 15" 的页码，则计算控件的控件来源应设置为_____。

5. 窗体由多个部分组成，每个部分称为一个_____，大部分的窗体只有_____。

6. 在创建主/子窗体之前，必须设置主/子窗体数据源之间的_____。

7. 在设计窗体时使用标签控件创建的是单独标签，它在窗体的数据表视图中_____（填 "能" 或 "不能"）显示。

8. 在表格式窗体、纵栏式窗体和数据表窗体中，将窗体最大化后显示记录最多的窗体是_____。

9. 创建窗体可以使用人工和使用_____两种方式。

10. _____是窗体中用于显示数据、执行操作和装饰窗体的对象。

11. 用于设定控件的输入格式，仅对文本型或日期型数据有效的控件的数据属性为_____。

12. _____属性主要是针对控件的外观或窗体的显示格式而设置的。

13. _____行属性是能够唯一标识某一控件的属性。

第6章
数据库系统的报表设计

一、选择题

1. 以下叙述正确的是（   ）。
   - A. 报表只能输入数据
   - B. 报表只能输出数据
   - C. 报表可以输入和输出数据
   - D. 报表不能输入和输出数据

2. 要实现报表的分组统计，其操作区域是（   ）。
   - A. 报表页眉或报表页脚
   - B. 页面页眉或页面页脚
   - C. 主体
   - D. 组页眉或组页脚

3. 关于设置报表数据源，下列叙述中正确的是（   ）。
   - A. 可以是任意对象
   - B. 只能是表对象
   - C. 只能是查询对象
   - D. 只能是表对象或查询对象

4. 要设置只在报表最后一页主体内容之后输出的信息，正确的设置是（   ）。
   - A. 报表页眉
   - B. 报表页脚
   - C. 页面页眉
   - D. 页面页脚

5. 在报表设计中，以下可以做绑定控件显示字段数据的是（   ）。
   - A. 文本框
   - B. 标签
   - C. 命令按钮
   - D. 图像

6. 要设置在报表每一页的底部都输出的信息，需要设置（   ）。
   - A. 报表页眉
   - B. 报表页脚
   - C. 页面页眉
   - D. 页面页脚

7. 可以更直观地表示数据之间的关系的报表是（   ）。
   - A. 纵栏式报表
   - B. 表格式报表
   - C. 图表报表
   - D. 标签报表

8. 如果设置报表上某个文本框的"控件来源"属性为"=2*4+1"，则打开报表视图时，该文本框显示信息是（   ）。
   - A. 未绑定
   - B. 9
   - C. 2*4+1
   - D. 出错

9. 在报表中，要计算"数学"字段的最高分，应将控件的"控件来源"属性设置为（   ）。
   - A. =Max([数学])
   - B. Max(数学)
   - C. =Max[数学]
   - D. =Max(数学)

10. 要实现报表按某个字段分组统计输出，需要设置（   ）。
    - A. 报表页脚
    - B. 该字段组页脚
    - C. 主体
    - D. 页面页脚

11. 要显示格式为"页码/总页数"的页码，应当设置文本框的控件源属性是（   ）。
    - A. [Page]/ [Pages]
    - B. =[Page]/[Pages]
    - C. [Page]&"/ "& [Pages]
    - D. =[Page]& "/"& [Pages]

12. 在报表中将大量数据按不同的类型分别集中在一起，称为（   ）。
    - A. 数据筛选
    - B. 合计
    - C. 分组
    - D. 排序

13. 报表不能完成的工作是（　　）。

　　A．分组数据　　　B．汇总数据　　　　C．格式化数据　　　D．输入数据

14. 要显示格式为日期/时间，应当设置文本框的"控件来源"属性是（　　）。

　　A．date( )或 time( )　　　　　　　　B．date( )& "/"&time( )

　　C．=date( )或=time( )　　　　　　　D．=date( )& "/"&time( )

15. 在报表设计时，如果要统计报表中某个字段的全部数据，计算表达式应放在（　　）。

　　A．组页眉/组页脚　　　　　　　　　B．页面页眉/页面页脚

　　C．报表页面/报表页脚　　　　　　　D．主体

16. 报表输出不可缺少的内容是（　　）。

　　A．主体内容　　　　　　　　　　　　B．页面页眉内容

　　C．页面页脚内容　　　　　　　　　　D．报表页眉内容

17. 关于报表的叙述正确的是（　　）。

　　A．在报表中必须包含报表页眉和报表页脚

　　B．在报表中必须包含页面页眉和页面页脚

　　C．报表页眉打印在报表每页的开头，报表页脚打印在报表每页的末尾

　　D．报表页眉打印在报表第一页的开头，报表页脚打印在报表最后一页的末尾

18. 在报表设计的工具栏中，用于修饰版面以达到良好输出效果的控件是（　　）。

　　A．直线和矩形　　　B．直线和圆形　　　C．直线和多边形　　D．矩形和圆形

19. 下列关于报表的说法错误的是（　　）。

　　A．报表由从表或查询获取的信息以及在设计报表时所输入的信息组成

　　B．可以对报表中的数据进行查找、排序和筛选

　　C．报表是数据库中用户和应用程序之间的主要接口

　　D．报表可以包含文字、图形、图像、声音和视频

20. 为了在报表的每一页底部显示页码号，应该设置（　　）。

　　A．报表页眉　　　B．页面页眉　　　C．页面页脚　　　D．报表页脚

21. 报表的页面页眉节主要用来（　　）。

　　A．显示记录数据　　　　　　　　　　B．显示汇总说明

　　C．显示报表中数据的列标题　　　　　D．显示报表标题、图形或说明性文字

22. 在设计表格式报表过程中，如果控件版面布局按纵向布置显示，则会设计出（　　）。

　　A．标签报表　　　B．纵栏式报表　　　C．图表报表　　　D．自动报表

23. 可以建立多层次的组页眉及组页脚，但最多不能超过（　　）。

　　A．6 层　　　　　B．8 层　　　　　C．10 层　　　　　D．12 层

二、填空题

1. 报表主要由_____、_____、组页眉、_____、组页脚和报表页脚等部分组成，每个部分成为一个_____。

2. 在 Access 2010 中，报表的视图有_____、_____、_____和_____。

3. 提供基础数据的表或查询称为报表的_____。

4. 计算控件的控件来源必须为_____开头的计算表达式。

5. 利用报表不仅可以创建计算字段，而且还可以对记录进行_____以便计算出各组数据的汇总结果等。

6. 报表数据输出不可缺少的内容是_____的内容。

7. 在报表设计中，可以通过添加_____控件来控制另起一页输出显示。

8. 在_____或_____添加计算字段对某些字段的一组记录或所有记录进行求和或求平均统计计算时，这种形式的统计计算一般是对报表字段列的纵向记录数据进行统计，而且要使用 Access 提供的_____来完成相应的计算操作。

9. 使用_____对话框，可以设置条件更改报表上控件的外观，或更改控件中的值的外观。

10. 要在报表上显示格式为"3 / 总共 5 页"的页码，则计算控件的控件来源应设置为_____。

11. 子报表在链接到主报表之前，应当确保已正确地建立了_____。

12. 页面页脚的内容在报表的_____打印输出，报表页脚的内容只在报表的_____打印输出。

13. 计算控件就是任何具有_____属性的控件，最常用的计算控件是_____；在创建计算控件时，应当在_____属性框中输入计算表达式，在这个表达式前面应当加上一个_____。如果计算控件是文本框，也可以直接在_____中输入表达式。

14. 如果设置报表上某个文本框的"控件来源"属性为"=3*4+5"，则打开报表视图时，该文本显示的信息是_____。

15. 主子报表通常用于显示具有_____关系的多个表或查询的数据。

16. 在报表中插入日期时间时，Access 将在报表上添加一个_____控件。

17. 要设计出带表格线的报表，需要向报表中添加_____控件完成表格线显示。

18. 一个报表最多只能包含_____子窗体或子报表。

第7章
数据库系统的宏设计

一、选择题

1. 宏是一个或多个（　　）的集合。

    A. 操作　　　　　　B. 事件　　　　　　C. 关系　　　　　　D. 记录

2. 有关宏的基本概念，以下叙述错误的是（　　）。

    A. 宏是由一个或多个操作组成的集合

    B. 宏可以是包含操作序列的一个宏

    C. 可以为宏定义各种类型的操作

    D. 由多个操作组成的宏，可以没有次序地自动执行一连串的操作

3. 在宏设计视图中，默认状态下隐藏的列是（　　）。

    A. 注释　　　　　　B. 宏名　　　　　　C. 操作　　　　　　D. 以上列都显示

4. 下列关于宏操作的叙述错误的是（　　）。

    A. 可以使用宏组来管理相关的一系列宏

    B. 使用宏可以启动其他应用程序

    C. 所有宏操作都可以转化为相应的模块代码

    D. 宏的关系表达式中不能应用窗体或报表的控件值

5. 创建宏时至少要定义一个宏操作，并设置对应的（　　）。

    A. 条件　　　　　B. 命令按钮　　　　C. 宏操作参数　　　D. 注释信息

6. 宏中的每个操作都有名称，用户（　　）。

    A. 能够更改操作名　　　　　　　　　B. 不能更改操作名

    C. 能对有些宏名进行更改　　　　　　D. 能够调用外部命令更改操作名

7. OpenForm 的宏操作是打开（　　）。

    A. 表　　　　　　B. 窗体　　　　　　C. 查询　　　　　　D. 报表

8. 宏操作 Quit 的功能是（　　）。

    A. 关闭窗体　　　B. 退出宏　　　　　C. 退出查询　　　　D. 退出 Access

9. 在启动数据库时触发的宏，应当命名为（　　）。

    A. Echo　　　　　B. Autoexec　　　　C. Autobat　　　　　D. Auto

10. 宏组是由（　　）组成的。

    A. 若干宏　　　　B. 若干宏操作　　　C. 程序代码　　　　D. 模块

11. 引用宏组中的宏的语法格式是（　　）。

    A. 宏组名.宏名　　B. 宏名.宏组名　　C. 宏组名!宏名　　D. 宏组名#宏名

12. 使用宏组的目的是（　　）。

    A. 设计出功能复杂的宏　　　　　　　　B. 设计出包含大量操作的宏

    C. 减少程序内存消耗　　　　　　　　　D. 对多个宏进行组织和管理

13. 如需限制宏命令的操作范围，可以在创建宏时定义（　　）。

    A. 宏操作对象　　　　　　　　　　　　B. 宏操作目标

    C. 宏条件表达式　　　　　　　　　　　D. 窗体或报表的控件属性

14. 有关条件宏的叙述中，错误的是（　　）。

    A. 条件为真时，执行该行中对应的宏操作

    B. 宏在遇到条件内有省略号时，终止操作

    C. 如果条件为假，将跳过该行中对应的宏操作

    D. 宏的条件内为省略号表示该行的操作条件与其上一行的条件相同

15. 在设计条件宏时，对于连续重复的条件，可以代替的符号是（　　）。

    A. =　　　　　　B. ...　　　　　　　C. ,　　　　　　　D. ;

16. 引用窗体控件的值，可以用的宏表达式是（　　）。

    A. Forms! 控件名! 窗体名　　　　　　B. Forms! 窗体名! 控件名

    C. Forms! 控件名　　　　　　　　　　D. Forms! 窗体名

17. 在宏的表达式中要引用报表 exam 上控件 Name 的值，可以使用引用式（　　）。

    A. Reports! Name　　　　　　　　　　B. Reports! exam! Name

    C. exam! Name　　　　　　　　　　　D. Reports　exam　Name

18. 在运行宏的过程中，宏不能修改的是（　　）。

    A. 数据库　　　　B. 表　　　　　　C. 窗体　　　　　D. 宏本身

二、填空题

1. 宏是 Access 的一个对象，其主要功能是_____。

2. 宏是由一个或多个_____组成的集合，其中每个_____都实现特定的功能。

3. 在宏操作中，向操作提供信息的值称为_____。

4. 宏本身不会自动运行，必须由_____来触发。

5. 一个宏对象可以由一个宏或者多个宏组成，由多个宏组成的宏对象称为_____。

6. 使用_____可确定在某些情况下运行宏时，是否执行某个操作。

7. 宏中条件项是逻辑表达式，返回值只有_____和_____。

8. 经常使用的宏运行方法是：将宏赋予某一个窗体或报表控件的_____通过触发事件运行宏或宏组。

9. 定义_____有利于对数据库中宏对象的管理。

10. 直接运行宏组时，只执行_____所包含的所有宏操作。

11. 如果要引用宏组中的宏，采用的语法是_____。

12. 如果要建立一个宏，希望执行该宏后，首先打开一个表，然后打开一个窗体，那么在该宏中应该使用_____和_____两个操作命令。

13. 在宏的表达式中引用窗体控件的值可以用表达式_____。

14. VBA 的自动运行宏，即在数据库打开时自动执行，必须命名为_____，如果在启动时不想运行该宏，则可以再按住_____键。

第8章
数据库系统的 VBA 编程

一、选择题

1. 在 Access 中，如果要处理具有复杂条件或循环结构的操作，则应该使用的对象是（　　）。

  A. 窗体   B. 模块   C. 宏   D. 报表

2. 窗体中有 3 个命令按钮，分别命名为 Command1、Command2 和 Command3。当单击 Cmmand1 按钮时，Command2 按钮变为可用，Command3 按钮变为不可见。下列 Command1 的单击事件过程中，正确的是（　　）。

  A. ```
Private Sub Command1_Click()
Command2.Visible=True
Command3.Visible=False
End Sub
```

  B. ```
Private Sub Command1_Click()
Command2.Enabled=True
Command3.Enabled=False
End Sub
```

  C. ```
Private Sub Command1_Click()
Command2.Enabled=True
Command3.Visible=False
End Sub
```

  D. ```
Private Sub Command1_Click()
Command2.Visible=True
Command3.Enabled=False
End Sub
```

3. 窗体 Caption 属性的作用是（　　）。

  A. 确定窗体的标题   B. 确定窗体的名称

  C. 确定窗体的边界类型   D. 确定窗体的字体

4. 在窗体中有一个标签 Lb1 和一个命令按钮 Command1，事件代码如下。

```
Option Compare Databse
Dim a As String * 10
Private Sub Command1_Click()
a="1234"
b=Len(a)
```

```
Me.Lb1.Caption=b
End Sub
```

打开窗体后单击命令按钮，窗体中显示的内容是（　　）。

    A．4   B．5   C．10   D．40

5．窗体有命令按钮 Command1 和文本框 Text1，对应的事件代码如下。

```
Private Sub Command1_Click()
   For i=1 To 4
      x=3
      For j=1 To 3
         For k=1 To 2
            x=x+3
         Next k
      Next j
   Next i
  Text1.Value=Str(x)
End Sub
```

运行以上事件过程，文本框中的输出是（　　）。

    A．6   B．12   C．18   D．21

6．发生在控件接收焦点之前的事件是（　　）。

    A．Enter   B．Exit   C．GotFocus   D．LostFocus

7．启动窗体时，系统首先执行的事件过程是（　　）。

    A．Load   B．Click   C．Unload   D．GotFocus

8．因修改文本框中的数据而触发的事件是（　　）。

    A．Change   B．Edit   C．Getfocus   D．LostFocus

9．在窗体中有一个文本框 Text1，编写事件代码如下。

```
Private Sub Form_Click()
   X=val(Inputbox("输入 X 的值"))
   Y=1
   If  X<>0 Then Y=2
     Text1.Value=Y
   End If
End Sub
```

窗体运行后，在输入框中输入整数 12，文本框 Text1 中输出的结果是（　　）。

    A．1   B．2   C．3   D．4

10．在窗体上有一个命令按钮 Command1，编写事件代码如下。

```
Private Sub Command1_Click()
  Dim d1 As Date
  Dim d2 As Date
  d1=#12/25/2009#
  d2=#1/5/2010#
  MsgBox DateDiff("ww",d1,d2)
End Sub
```

打开窗体运行后，单击命令按钮，消息框中输出的结果是（　　）。

    A．1   B．2   C．10   D．11

11. 有如下事件程序，运行该程序后的输出结果是（　　）。

```
Private Sub Command33_Click()
Dim x As Integer, y As Integer
x=1: y=0
Do Until y<=25
    y=y + x * x
    x=x + 1
Loop
MsgBox "x=" & x & ", y=" & y
End Sub
```

　　A. x=1，y=0　　　　　B. x=4，y=25　　C. x=5，y=30　　　D. 输出其他结果

12. 下列数据类型中，不属于 VBA 的是（　　）。

　　A. 长整型　　　　　　B. 布尔型　　　　C. 变体型　　　　D. 指针型

13. 在 Access 中，如果变量定义在模块的过程内部，当过程代码执行时才可见，则这种变量的作用域为（　　）。

　　A. 程序范围　　　　　B. 全局范围　　　　C. 模块范围　　　D. 局部范围

14. 下列变量名中，合法的是（　　）。

　　A. 4A　　　　　　　　B. A－1　　　　　　C. ABC_1　　　　D. private

15. 下列能够交换变量 X 和 Y 值的程序段是（　　）。

　　A. Y=X:X=Y　　　　　　　　　　　　B. Z=X:Y=Z:X=Y

　　C. Z=X:X=Y:Y=Z　　　　　　　　　　D. Z=X:W=Y:Y=Z:X=Y

16. 下列选项中，非法的变量名是（　　）。

　　A. Sum　　　　　　　B. Integer_2　　　C. Rem　　　　　D. Form1

17. 窗体中有命令按钮 Command1，事件过程如下。

```
Public Function f(x AS Integer)As Integer
  Dim y As Integer
  x=20
  y=2
  f=x*y
End Function
Private Sub Command1_Click()
  Dim y As Integer
  Static x As Integer
  x=10
  y=5
  y=f(x)
  Debug.Print x; y
End Sub
```

运行程序，单击命令按钮，则立即窗口中显示的内容是（　　）。

　　A. 10　5　　　　　B. 10　40　　　　C. 20　5　　　　　D. 20　40

18. 如下程序段定义了学生成绩的记录类型，由学号、姓名和 3 门课程成绩（百分制）组成。

```
Type Stud
    no  As Integer
    name As String
    score(1 to 3)As Single
End Type
```

若对某个学生的各个数据项进行赋值，下列程序段中正确的是（　　）。

A.
```
Dim S As Stud
Stud.no=1001
Stud.name="舒宜"
Stud.score=78,88,96
```

B.
```
Dim S As Stud
S.no=1001
S.name="舒宜"
S.score=78,88,96
```

C.
```
Dim S As Stud
Stud.no=1001
Stud.name="舒宜"
Stud.score(1)=78
Stud.score(2)=88
Stud.score(3)=96
```

D.
```
Dim S As Stud
S.no=1001
S.name="舒宜"
S.score(1)=78
S.score(2)=88
S.score(3)=96
```

19. 语句 Dim NewArray(10) As Integer 的含义是（　　）。

    A. 定义了一个整型变量且初值为 10　　　B. 定义了 10 个整数构成的数组

    C. 定义了 11 个整数构成的数组　　　　　D. 将数组的第 10 个元素设置为整型

20. 在模块的声明部分使用 "Option Base 1" 语句，然后定义二维数组 A(2 to 5,5)，则该数组的元素个数为（　　）。

    A. 20　　　　　　　　B. 24　　　　　　　　C. 25　　　　　　　　D. 36

21. VBA 语句 "Dim NewArray(10) as Integer" 的含义是（　　）。

    A. 定义 10 个整型数构成的数组 NewArray

    B. 定义 11 个整型数构成的数组 NewArray

    C. 定义 1 个值为整型数的变量 NewArray(10)

    D. 定义 1 个值为 10 的变量 NewArray

22. 在宏的参数中，要引用窗体 F1 上的 Text1 文本框的值，应该使用的表达式是（　　）。

    A. [Forms]! [F1]! [Text1]　　　　　　　B. Text1

    C. [F1]. [Text1]　　　　　　　　　　　D. [Forms]_[F1]_[Text1]

23. 若在"销售总数"窗体中有"订货总数"文本框控件，能够正确引用控件值的是（　　）。

    A. Forms.[销售总数]. [订货总数]　　　　B. Forms! [销售总数]. [订货总数]

    C. Forms.[销售总数]! [订货总数]　　　　D. Forms! [销售总数]! [订货总数]

24. 下列表达式计算结果为数值类型的是（　　）。

    A. #5/5/2010#-#5/1/2010#　　　　　　　B. "102">"11"

    C. 102=98+4　　　　　　　　　　　　　D. #5/1/2010#+5

25. 下列表达式中，能正确表示条件"x 和 y 都是奇数"的是（　　）。

    A. x Mod 2=0 And y Mod 2=0　　　　　　B. x Mod 2=0 Or y Mod 2=0

    C. x Mod 2=1 And y Mod 2=1　　　　　　D. x Mod 2=1 Or y Mod 2=1

26. 设有如下程序：

```
Private Sub Command1_Click()
  Dim sum As Double, x As Double
  sum=0
  n=0
  For i=1 To 5
```

```
    x=n/i
    n=n+1
    sum=sum+x
  Next i
End Sub
```

该程序通过 For 循环来计算一个表达式的值，这个表达式是（　　）。

    A．1+1/2+2/3+3/4+4/5   B．1+1/2+1/3+1/4+1/5

    C．1/2+2/3+3/4+4/5   D．1/2+1/3+1/4+1/5

27．设有如下程序：

```
x=1
Do
  x=x+2
Loop Until
```

运行程序，要求循环体执行 3 次后结束循环，空白处应填入的语句是（　　）。

    A．x<=7   B．x<7   C．x>=7   D．x>7

28．在窗体上有一个命令按钮 Command1，编写事件代码如下。

```
Private Sub Command1_Click()
  Dim x AS Integer,y As Integer
  x=12: y=32
  Call Proc(x,y)
  Debug.Print x;y
End Sub
Public Sub Proc(n As Integer,Byval m As Integer)
  n=n Mod 10
  m=m Mod 10
End Sub
```

打开窗体运行后，单击命令按钮，立即窗口上输出的结果是（　　）。

    A．232   B．123   C．22   D．1232

29．窗体中有命令按钮 run34，对应的事件代码如下。

```
Private Sub run34_Enter()
  Dim num As Integer, a As Integer, b As Integer, i As Integer
  For i=1 To 10
    num=InputBox("请输入数据：","输入")
    If Int(num/ 2)=num/ 2 Then
      a=a+1
    Else
      b=b+1
    End If
  Next i
  MsgBox ("运行结果：a=" & Str(a) & ",b=" & Str(b))
End Sub
```

运行以上事件过程，所完成的功能是（　　）。

    A．对输入的 10 个数据求累加和

    B．对输入的 10 个数据求各自的余数，然后再进行累加

    C．对输入的 10 个数据分别统计奇数和偶数的个数

D. 对输入的 10 个数据分别统计整数和非整数的个数

30. 在窗体中有一个命令按钮 Command1，编写事件代码如下。

```
Private Sub Command1_CliCk()
  Dim s As Integer
  s＝P(1)＋P(2)＋P(3)＋P(4)
  debug.Print S
End SUb
Public Function P(N As Integer)
  Dim Sum As Integer
  Sum＝0
  For i＝1 To N
  Sum＝Sum＋i
  Next i
  P＝Sum
End Function
```

打开窗体运行后，单击命令按钮，输出结果是（   ）。

  A. 15   B. 20   C. 25   D. 35

31. 在窗体上有一个命令按钮 Command1，编写事件代码如下。

```
Private Sub Command1_Click()
  Dim y As Integer
  y=0
  Do
   y=InputBox("y=")
   If(y Mod 10)+Int(y/10)=10 Then Debug.Print y;
   Loop Until y=0
End Sub
```

打开窗体运行后，单击命令按钮，依次输入 10、37、50、55、64、20、28、19、-19、0，立即窗口上输出的结果是（   ）。

  A. 375564281919   B. 105020

  C. 1050200   D. 3755642819

32. 窗体中有命令按钮 Command1 和文本框 Text1，事件过程如下。

```
Function result(ByVal x As Integer)As Boolean
  If x Mod 2＝0 Then
   result=True
  Else
   result=False
  End If
End Function
Private Sub Command1_Click()
  x＝Val(InputBox("请输入一个整数"))
  If_____Then
   Text1=Str(x) & "是偶数."
  Else
   Text1=Str(x) & "是奇数."
  End If
End Sub
```

运行程序，单击命令按钮，输入 19，在 Text1 中会显示"19 是奇数"。那么在程序的空白处应填写（   ）。

　　A．result(x)="偶数"　　　　　　　B．result(x)

　　C．result(x)="奇数"　　　　　　　D．NOT result(x)

33．如果 X 是一个正的实数，保留两位小数，将千分位四舍五入的表达式是（　　　）。

　　A．0.01*Int(X+0.05)　　　　　　　B．0.01*Int(100*(X+0.005))

　　C．0.01*Int(X+0.005)　　　　　　　D．0.01*Int(100*(X+0.05))

34．有如下语句：

```
s=Int(100*Rnd)
```

执行完毕，s 的值是（　　　）。

　　A．[0,99]的随机整数　　　　　　　B．[0,100]的随机整数

　　C．[1,99]的随机整数　　　　　　　D．[1,100]的随机整数

35．从字符串 s 中的第 2 个字符开始获得 4 个字符的子字符串函数是（　　　）。

　　A．Mid$(s, 2, 4)　　　　　　　　　B．Left$(s, 2, 4)

　　C．Rigth$(s, 4)　　　　　　　　　　D．Left$(s, 4)

36．表达式 Fix(−3.25)和 Fix(3.75)的结果分别是（　　　）。

　　A．−3，3　　　　　B．−4，3　　　　　C．−3，4　　　　　D．−4，4

37．用于获得字符串 S 最左边 4 个字符的函数是（　　　）。

　　A．Left(S,4)　　　　B．Left(S,1,4)　　　　C．Leftstr(S,4)　　　　D．Leftstr(S,0,4)

38．在窗体中有一个命令按钮 Command1 和一个文本框 Text1，编写事件代码如下。

```
Private Sub Command1_Click()
    For I=1 To 4
      X=3
      For j=1 To 3
        For k=1 To 2
            x=x+3
        Next k
      Next j
    Next I
    Text1.value=Str(X)
End Sub
```

打开窗体运行后，单击命令按钮，文本框 Text1 输出的结果是（　　　）。

　　A．6　　　　　　　　B．12　　　　　　　　C．18　　　　　　　　D．21

39．要将一个数字字符串转换成对应的数值，应使用的函数是（　　　）。

　　A．Val　　　　　　　B．Single　　　　　　C．Asc　　　　　　D．Space

40．下列表达式计算结果为日期类型的是（　　　）。

　　A．#2012-1-23#-#2011-2-3#　　　　B．year(#2011-2-3#)

　　C．DateValue("2011-2-3")　　　　　D．Len("2011-2-3")

41．表达式 "B=INT(A+0.5)" 的功能是（　　　）。

　　A．将变量 A 保留小数点后 1 位　　　B．将变量 A 四舍五入取整

　　C．将变量 A 保留小数点后 5 位　　　D．舍去变量 A 的小数部分

42．在窗体中有一个命令按钮 run35，对应的事件代码如下。

```
Private Sub run35_Enter()
```

```
    Dim num As Integer
    Dim a As Integer
    Dim b As Integer
    Dim i As Integer
    For i=1 To 10
    num=InputBox("请输入数据: ","输入", 1)
    If Int(num/2)=num/2 Then
        a=a+1
    Else
        b=b+1
    End If
    Next i
    MsgBox("运行结果: a="&Str(a)&", b="&Str(b))
End Sub
```

运行以上事件所完成的功能是（　　　）。

A. 对输入的 10 个数据求累加和

B. 对输入的 10 个数据求各自的余数，然后再进行累加

C. 对输入的 10 个数据分别统计有几个是整数，有几个是非整数

D. 对输入的 10 个数据分别统计有几个是奇数，有几个是偶数

43. 下列不是分支结构的语句是（　　　）。

A. If…Then…Endlf   B. While…Wend

C. If…Then…Else…Endlf   D. Select…Case…End Select

44. VBA 程序流程控制的方式是（　　　）。

A. 顺序控制和分支控制   B. 顺序控制和循环控制

C. 循环控制和分支控制   D. 顺序、分支和循环控制

45. 下列程序段的功能是实现"学生"表中"年龄"字段值加 1。

```
Dim Str As String
Str=""
Docmd.RunSQL Str
```

空白处应填入的程序代码是（　　　）。

A. 年龄=年龄+1   B. Update 学生 Set 年龄=年龄+1

C. Set 年龄=年龄+1   D. Edit 学生 Set 年龄=年龄+1

二、填空题

1. 下列过程的功能是：通过对象变量返回当前窗体的 RecordSet 属性记录集引用，消息框中输出记录集的记录（即窗体记录源）个数。

```
Sub GetRecNum()
    Dim rs As Object
    Set rs=Me.RecordSet
    MsgBox_____
End Sub
```

程序空白处应填写的是_____。

2. 下列程序的功能是返回当前窗体的记录集。

```
Sub GetRecNum()
Dim rs As Object
Set rs=_____
```

```
MsgBox  rs.RecordCount
End Sub
```

为保证程序输出记录集（窗体记录源）的记录数，空白处应填入的语句是＿＿＿＿＿＿。

3．在窗体中有一个命令按钮（名称为 run34），对应的事件代码如下。

```
Private Sub run34_Click()
    sum=0
    For i=10 To 1 Step-2
      sum=sum + i
    Next i
    MsgBox sum
End Sub
```

运行以上事件，程序的输出结果是＿＿＿＿＿＿。

4．在窗体中添加一个名称为 Command1 的命令按钮，然后编写如下事件代码。

```
Private Sub Command1_Click()
    a=75
    If  a>60 Then
      k=1
    ElseIf a>70 Then
      k=2
    ElseIf a>80 Then
      k=3
    ElseIf a>90 Then
      k=4
    End If
    MsgBox k
End Sub
```

窗体打开运行后，单击命令按钮，则消息框的输出结果是＿＿＿＿＿＿。

5．窗体中有一个名称为 run35 的命令按钮，单击该按钮从键盘接收学生成绩，如果输入的成绩不在 0～100 分之间，则要求重新输入；如果输入的成绩正确，则进入后续程序处理。run35 命令按钮的 Click 的事件代码如下。

```
Private Sub run35_Click()
    Dim flag As Boolean
    result=0
    flag=True
    Do While flag
        result=Val(InputBox("请输入学生成绩: ", "输入"))
        If result>=0 And result <=100 Then
            _____
        Else
            MsgBox "成绩输入错误，请重新输入"
        End If
    Loop
    Rem  成绩输入正确后的程序代码略
End Sub
```

程序中有一空白处，可填入的语句是＿＿＿＿＿＿。

第1章 数据库系统设计基础测试题答案

一、选择题

1. C	2. A	3. B	4. B	5. D	6. C	7. D	8. D
9. B	10. B	11. D	12. C	13. D	14. A	15. C	16. A
17. C	18. B	19. A	20. C	21. A	22. D	23. A	24. C
25. D	26. D	27. C	28. C	29. C	30. D	31. B	32. C
33. C	34. B	35. C	36. C	37. D	38. A	39. A	40. C
41. C	42. D	43. B	44. A	45. A	46. B	47. C	48. B
49. B	50. D	51. C	52. B	53. A	54. C	55. A	56. C
57. A	58. B	59. C	60. B	61. D	62. C	63. B	64. A
65. B	66. B	67. C	68. B	69. B	70. A	71. D	72. B

二、填空题

1. 数据库系统

2. 保存在存储介质上能够被识别的物理符号

3. 内涵，语义解释

4. 信息=数据+数据处理

5. 数据定义功能

6. 硬件平台和软件平台

7. 外模式，局部逻辑结构

8. "模式/内模式映像"和"外模式/模式映像"

9. 数据结构、数据操作、数据约束

10. 概念数据模型、逻辑数据模型、物理数据模型

11. 实体

12. 唯一标识实体的属性集

13. 一对多联系，1:*n*

14. 椭圆形框

15. 层次模型

16. 二维表

17. 一张二维表
18. 关系模式
19. 主关键字
20. 主关键字
21. 关系模式
22. 关系中的元组在组成主键的属性上不能有空值
23. 外键的值不允许参照不存在的相应表的主键的值，或者外键为空值
24. 笛卡尔积
25. 联接
26. 等值联接，去掉重复属性的等值联接
27. 联系
28. 多对多
29. 关系模型
30. 行
31. 选择，联接，投影
32. 等值联接
33. 二维表
34. 外部关键字
35. 实体
36. 投影
37. 关系模型
38. 需求分析阶段，概念设计阶段，逻辑设计阶段，物理设计阶段，实施阶段，运行和维护阶段
39. 集合
40. 关系
41. 物理数据模型
42. 小，高
43. 层次模型
44. 物理独立性
45. 参照完整性
46. 物理独立性，逻辑独立性
47. 联系
48. 列
49. 逻辑独立性
50. 参照完整性
51. 二维表
52. 行
53. 数据库系统
54. 外模式
55. 数据库应用系统
56. 数据模型

第 2 章　Access 数据库系统及其创建
与管理测试题答案

一、选择题

1．B　　2．B　　3．D　　4．B　　5．A　　6．B　　7．A　　8．B
9．C　　10．A

二、填空题

1．Office，.accdb

2．表，查询，窗体

3．查询

4．窗体

5．报表

6．导航窗格，功能区

7．备份与还原数据库

8．压缩和修复数据库

9．后端数据库

10．文件

第 3 章　数据库系统的表设计测试题答案

一、选择题

1．D	2．C	3．B	4．D	5．D	6．C	7．C	8．C
9．B	10．A	11．D	12．C	13．B	14．D	15．B	16．D
17．D	18．C	19．C	20．C	21．D	22．D	23．B	24．A
25．A	26．B	27．A	28．C	29．C	30．B	31．A	32．D
33．C	34．A	35．A	36．D	37．D	38．C	39．D	40．A
41．A	42．D	43．D	44．A	45．D	46．A	47．D	48．D
49．A	50．C	51．C	52．C	53．A	54．D	55．B	56．D
57．B							

二、填空题

1．表结构，表记录

2．字段名称，数据类型，说明

3．255

4．货币型

5．字节，整型，长整型，单精度，双精度，同步 ID

6．是/否型

7．备注型

8．文本和数字，数字

9．显示方式，精度

10．5

11．字段名称

12．有效性规则，有效性文本

13．输入掩码

14．00000000000

15. 指定在输入新记录时系统自动输入到字段中的默认值

16. 指定字段中是否必须有值　　　　17. 主键

18. 主索引, 唯一索引, 普通索引　　　19. 一个, 多个

20. 从表中将满足条件的记录找到并显示出来, 以便用户查看

第4章　数据库系统的查询设计测试题答案

一、选择题

1. B	2. B	3. B	4. C	5. D	6. C	7. D	8. A
9. A	10. D	11. C	12. B	13. C	14. A	15. B	16. A
17. D	18. C	19. C	20. B	21. A	22. C	23. C	24. C
25. A	26. B	27. D	28. A	29. B	30. D		

二、填空题

1. 设计, 数据表　　　　　　　2. 设计视图

3. 列　　　　　　　　　　　　4. 列标题, 值

5. 条件　　　　　　　　　　　6. 与, 或

7. 操作　　　　　　　　　　　8. 新字段

9. 更新　　　　　　　　　　　10. 运行

11. #　　　　　　　　　　　　12. 参数

13. MIN( )　　　　　　　　　14. 一个

15. 数据表, 运行　　　　　　　16. 参数

17. 生成表查询, 更新查询, 追加查询

18. 结构化查询语言

19. 数据定义, 数据操纵, 数据查询, 数据控制

20. DISTINCT　　　　　　　　21. ORDER BY

22. WHERE　　　　　　　　　23. GROUP BY

24. DATE( )-[参加工作日期] <=20

第5章　数据库系统的窗体设计测试题答案

一、选择题

1. A	2. C	3. D	4. B	5. D	6. C	7. A	8. C
9. B	10. A	11. D	12. B	13. A	14. D	15. D	16. B
17. A	18. D	19. D	20. B	21. A	22. B	23. D	24. C
25. D	26. D	27. C	28. B	29. B	30. B	31. B	32. D
33. C	34. A	35. D	36. B	37. D	38. C	39. B	40. D
41. C	42. D	43. B	44. B	45. B	46. B	47. B	48. B
49. A	50. C	51. C	52. D	53. D	54. A	55. A	56. A
57. C	58. C						

二、填空题

1. 计算型
2. 列表框或组合框
3. 等于号 "="
4. =[page] & "/总" & [pages]
5. 节，主体节
6. 关系
7. 不能
8. 数据表窗体
9. 向导
10. 控件
11. 输入掩码
12. 格式
13. 名称

第 6 章 数据库系统的报表设计测试题答案

一、选择题

1. B　　2. D　　3. D　　4. B　　5. A　　6. D　　7. C　　8. B
9. A　　10. B　　11. D　　12. C　　13. D　　14. D　　15. C　　16. A
17. D　　18. A　　19. C　　20. B　　21. C　　22. B　　23. C

二、填空题

1. 报表页眉，页面页眉，主体，节
2. 报表视图，打印预览视图，布局视图，设计视图
3. 数据源
4. "="
5. 分组
6. 主体
7. 分页符
8. 组页眉/组页脚节区内，报表页眉/报表页脚节区内，内置统计函数
9. 设置条件格式
10. =[Page]& "/总共" &[Pages]&"页"
11. 表间关系
12. 每页底部，最后一页数据末尾
13. 控件来源，文本框，控件来源，=，文本框
14. 17
15. 一对多
16. 文本框
17. 直线或矩形
18. 两级

第 7 章 数据库系统的宏设计测试题答案

一、选择题

1. A　　2. D　　3. B　　4. D　　5. C　　6. B　　7. B　　8. D
9. B　　10. A　　11. A　　12. D　　13. C　　14. B　　15. B　　16. B
17. B　　18. D

二、填空题

1. 使操作自动运行
2. 操作，操作

3．参数　　　　　　　　　　　4．事件

5．宏组　　　　　　　　　　　6．条件宏

7．真，假　　　　　　　　　　8．事件属性值

9．宏组　　　　　　　　　　　10．第一个宏

11．宏组名．宏名　　　　　　　12．OpenTable，OpenForm

13．Form! 窗体名! 控件名　　　14．AutoExec，【Shift】

第8章　数据库系统的 VBA 编程测试题答案

一、选择题

1．B	2．C	3．A	4．C	5．D	6．A	7．A	8．A
9．B	10．B	11．A	12．D	13．D	14．C	15．C	16．C
17．D	18．D	19．C	20．A	21．B	22．A	23．D	24．A
25．C	26．C	27．C	28．A	29．C	30．B	31．D	32．B
33．B	34．A	35．A	36．A	37．A	38．D	39．A	40．C
41．B	42．D	43．B	44．D	45．B			

二、填空题

1．rs.RecordCount

2．Me.Recordset

3．30

4．1

5．flag ＝ False 或 Exit Do

参考文献

[1] 王莉. Access 数据库应用技术习题解答与上机指导[M]. 北京：中国铁道出版社，2011.

[2] 赵宏帅. 数据库基础与 Access 应用教程习题及上机指导[M]. 北京：人民邮电出版社，2013.

[3] 刘卫国，王鹰. 数据库技术与应用实践教程：Access[M]. 北京：清华大学出版社，2011.

[4] 廖瑞华，李勇帆. 大学计算机基础上机指导与测试[M]. 北京：中国铁道出版社，2016.